U0174084

国家科学技术学术著作出版基金资助出版

气体放电与等离子体及其应用著作丛书

大气压介质阻挡放电表面改性应用

邵涛 方志 章程 著

科学出版社

北京

内 容 简 介

本书介绍大气压介质阻挡放电(DBD)表面改性的相关原理及其应用。首先,介绍大气压介质阻挡放电产生与诊断、放电模式,以及等离子体表面改性原理、方法及表征。其次,具体介绍大气压介质阻挡放电表面改性引入官能团、大气压介质阻挡放电表面薄膜沉积这两种改性方法。最后,从工业应用的角度分别介绍大气压介质阻挡放电在高压绝缘领域、新能源领域,以及纺织品、农膜、医用导管、木质材料等其他领域的应用效果。

本书适合大气压气体放电、等离子体、材料改性等领域科技工作者参考阅读,也可作为相关专业学生的教学参考用书。

图书在版编目(CIP)数据

大气压介质阻挡放电表面改性应用/邵涛,方志,章程著. —北京:科学出版社,2022.8

(气体放电与等离子体及其应用著作丛书)

ISBN 978-7-03-072895-1

Ⅰ.①大… Ⅱ.①邵… ②方… ③章… Ⅲ.①放电–研究 Ⅳ.①O461

中国版本图书馆 CIP 数据核字(2022)第 151302 号

责任编辑:牛宇锋 / 责任校对:任苗苗
责任印制:吴兆东 / 封面设计:蓝正设计

科 学 出 版 社 出版

北京东黄城根北街 16 号
邮政编码:100717
http://www.sciencep.com

北京中石油彩色印刷有限责任公司印刷
科学出版社发行 各地新华书店经销

*

2022 年 8 月第 一 版 开本:720×1000 B5
2025 年 1 月第三次印刷 印张:14 1/2
字数:270 000

定价:**108.00** 元

(如有印装质量问题,我社负责调换)

"气体放电与等离子体及其应用著作丛书"编委会

顾 问 邱爱慈 李应红 王新新 王晓钢 孔刚玉
　　　　严 萍 丁立健

主 编 邵 涛

副主编 章 程

编 委 （按姓氏笔画为序排列）

于达仁 万京林 车学科 方 志 卢新培

向念文 庄池杰 刘克富 刘定新 李永东

李庆民 李兴文 杨德正 吴 云 吴淑群

张小宁 张自成 张远涛 张冠军 张嘉伟

陈 琪 陈支通 欧阳吉庭 罗振兵 罗海云

周仁武 郑金星 姚陈果 聂秋月 程 诚

谢 庆 熊 青 戴 栋

序　一

近年来，高电压技术与材料、环境、医学和能源等科学领域充分地融合和交叉，不断涌现出新技术、新方法和新应用。其中，高压放电产生的非平衡态等离子体应用发展迅速，其基本过程是利用电场加速电子，并电离气体产生等离子体，通过带电粒子间的化学反应，耦合电场、磁场和辐射场等效应，实现功能材料改性与制备、有毒物质降解、细菌病毒灭活和能源分子转化等应用。基于以上应用，高压放电等离子体在国民经济和社会发展中发挥着日益重要的作用。

材料科学的发展日新月异，是高压放电等离子体交叉程度最高、应用最为广泛的领域。高压放电材料改性是利用放电等离子体的各类物理效应和化学反应，改变材料表面性能的新技术，在传统的半导体加工、纺织物印染、聚合物薄膜制备等应用中均获得了较好的效果。近年来，先进制造业的快速发展对材料功能拓展和技术革新提出新的要求，高压放电材料改性也迎来新的发展机遇。在这个快速发展、不断创新的领域中，《大气压介质阻挡放电表面改性应用》一书所阐述的放电调控方法、材料改性原理和工艺流程尤为必要。调控好高压放电对材料表面分子尺度的反应过程，对促进高电压技术与材料科学持续融合、指导高压放电材料改性应用均有重要意义。

中国科学院电工研究所和南京工业大学长期开展高压放电材料改性的理论与应用研究。在国家重点基础研究发展计划课题、国家自然科学基金重点项目等的支持下，来自这两个单位的作者研究团队在聚合物材料表面能提高、电力设备绝缘子沿面耐压提升、新能源装备多性能优化等方面均取得了较好的应用效果，并积累了丰富的理论成果和实践经验。

该书是作者十余年来在高电压放电及应用方面的工作总结，结合了基本原理、实现方法、表征手段和应用案例，对科研人员、高校师生和企业专业技术人员均有很好的指导和参考意义，本人愿意将这本著作推荐给相关读者。

中国科学院院士
2022 年 2 月

序 二

高电压放电表面改性技术涉及放电物理、材料化学、电工电气等多个研究领域，近年来发展迅速。工业领域(特别是微电子领域)采用的高电压放电材料改性通常在低气压下或真空环境下进行，放电稳定且功率密度适中，但也存在处理周期长、反应效率低、连续处理困难等诸多问题。大气压下高电压放电材料改性旨在摆脱传统依赖真空设备的改性环境，可以在常温常压下进行，具有处理周期短、反应效率高、易于与现有加工工艺流程结合等优势，应用可拓展到高压绝缘、半导体、印染、能源等领域，对于加快高电压放电材料改性技术升级和产品开发具有重要的实用意义。

《大气压介质阻挡放电表面改性应用》一书针对大气压高电压放电材料改性面临的稳定放电和可控物理化学反应两大难题，给出了具体的调控规律和实现方法。首先，结合大气压介质阻挡放电的产生装置和诊断方法，叙述了大气压下放电的电学特性和特征物理参数，阐述了不同放电模式的判断和转化机制，在此基础上探讨了大气压稳定放电的调控方法，为高电压放电材料改性应用奠定基础。其次，围绕材料改性方法和改性前后参数表征问题，叙述了高电压放电改性的原理和所涉及的物理化学反应过程，并以官能团接枝和分子尺度薄膜沉积为例，介绍了大气压介质阻挡放电表面改性的设计方案与操作过程。最后，为了便于读者掌握改性方法和开展实践应用，给出了大气压介质阻挡放电在高压绝缘、新能源等领域的应用实例。

该书由邵涛等撰写，是他们多年从事高压放电材料改性应用研究的成果总结，相信这本专著对科研人员和专业技术人员具有较高的参考价值。

张冠军

西安交通大学教授

2022 年 2 月

前　　言

　　表面改性就是指在保持材料本体性能的前提下，赋予其表面新的性能，如亲水性、生物相容性、染色性能等。表面改性的方法众多，大体上可以归结为：表面物理刻蚀、表面化学反应法、表面接枝法、表面复合化法等。通过表面改性，能够拓展材料表面功能、提高材料可靠性、延长使用寿命，具有重要的经济价值。然而传统的表面改性方法多为湿法工艺，需要大量用水，存在化学残留，并且许多化学反应需要一定的反应温度和压力，反应条件苛刻。大气压介质阻挡放电驱动的等离子体表面改性，通过蕴含丰富的电子、离子、活性基团等粒子与材料表面作用的物理化学反应，在原子/分子尺度调控材料表面功能，有效降低化学反应能垒、加速反应进程，突破热力学平衡限制，甚至实现苛刻条件下的特殊反应。这种改性技术属于干式工艺，节省能源、无公害，满足节能和环保的要求。此外，这种技术处理时间短且效率高，易与传统工艺流程结合，具有良好的普适性。因此，近年来高压放电表面改性在电力、化工、微电子学、生物医学等领域应用广泛，成为目前材料科学与技术及相关学科领域的热点之一。

　　中国科学院电工研究所和南京工业大学是较早开展高压放电表面改性研究的单位。结合自身高电压绝缘技术的特点，两个单位从 2005 年开始合作开展大气压等离子体产生及高压绝缘材料表面改性的研究，并在 2015 年出版的"气体放电与等离子体及其应用著作丛书"系列《大气压气体放电及其等离子体应用》中合著了"大气压放电等离子体在材料表面改性中的应用"章节，简介了大气压等离子体在聚合物材料表面改性的研究进展。近年来，随着等离子体材料改性技术研究的不断深入发展，等离子体表面改性朝着功能化、工艺化和装置化方向发展，虽然已有一些经典书籍，如美国 Lieberman 教授撰写的 *Principles of Plasma Discharges and Materials Processing*(清华大学蒲以康教授 2007 年在科学出版社出版了其译作《等离子体放电原理与材料处理》)，系统介绍了放电等离子体与材料相互作用的理论基础，但国内缺乏从应用角度介绍等离子体表面改性技术的专著。因此，中国科学院电工研究所和南京工业大学联合撰写《大气压介质阻挡放电表面改性应用》一书，并在撰写过程中努力体现以下特色：①尽可能用装置实物图介绍等离子体表面改性系统，以便初学者尽快掌握实验布置；②尽可能提供等离子体表面改性中的参数设置，并附有参考文献，以利于读者追踪；③尽可能与应用单位协调，提供最新的等离子体表面改性装置介绍。全书力求通俗易懂，适于放电等离子体表面改性应用领域的科研人员和相关专业的学生阅读。

本书共 9 章，第 1 章综述大气压介质阻挡放电和表面改性的研究进展；第 2章介绍介质阻挡放电的驱动电源，以及电学与发光特性的诊断方法；第 3 章主要分析均匀、丝状大气压介质阻挡放电模式调控机制等；第 4 章归纳等离子体表面改性原理、方法和表征；第 5 章介绍大气压介质阻挡放电表面改性引入官能团的机理与效果；第 6 章介绍大气压介质阻挡放电表面薄膜沉积方法；第 7 章展示介质阻挡放电在玻璃湿闪电压提高、环氧树脂材料表面电荷消散和有机玻璃真空沿面耐压提高等高压绝缘领域的应用；第 8 章介绍介质阻挡放电在太阳能电池板背膜表面能提升、锂离子电池集流体箔材黏结性能提升、新能源汽车金属薄板张力增强和太阳能反射镜覆漆黏结性能提升等新能源领域的应用；第 9 章介绍介质阻挡放电处理纺织品、农膜、医用导管和木质材料等方面的工业应用技术。邵涛撰写了第 1、5 章部分内容和第 6、7 章，方志撰写了第 1 章部分内容和第 3、8、9章，章程撰写了第 2、4 章和第 5 章部分内容。全书统稿由邵涛、方志和章程完成，梅丹华、孔飞在统稿中给予了协助。

本书在撰写过程中，梅丹华、孔飞、刘峰、任成燕、王森、崔行磊、张传升等为部分章节的撰写做出了贡献。研究生于维鑫、庄越和周洋洋等为本书的撰写做了大量的搜集整理工作。同时，本书的研究成果也包含了已毕业博士、硕士研究生姜慧、牛铮、海彬、李文耀、马翊洋、徐晖等的努力，在这里谨向他们表示衷心的感谢。

非常感谢南京苏曼等离子科技有限公司万京林为本书第 8、9 两章提供的等离子体设备图片。

本书的写作依托多项科研成果，期待对同行具有参考价值。本书出版得到了国家杰出青年科学基金项目(51925703)、国家自然科学基金重点项目(52037004)、国家自然科学基金优秀青年科学基金项目(52022096)的资助。

非常感谢陈维江院士、张冠军教授为本书作序。

本书内容是对中国科学院电工研究所和南京工业大学十余年来合作开展的部分研究工作的总结。由于作者学识水平有限，书中难免存在不足和疏漏，恳请读者批评指正。

作　者

2021 年 11 月

目　　录

第1章 绪 论

1.1 等离子体及等离子体材料改性

众所周知，物质由于存在形态的不同可以分为固体、液体和气体。当固态物质被加热时，随着粒子平均动能的增加，可以逐渐变为液态物质、气态物质。对气态物质进一步提供能量，气体中的原子、分子会出现电离状态，形成自由电子和正离子。当气体中带电粒子的数量变得足够多时，物质转化成"第四种状态"，即等离子体。广义上讲，等离子体是指由中性粒子及足够多的带电粒子组成的物质的聚集状态[1]。因为在电离过程中，正负带电粒子总是成对出现，所以等离子体体系呈现准电中性，粒子运动主要由粒子间的电磁相互作用决定，具有集体效应。

等离子体广泛地存在于自然界和实验室中，图 1.1 给出了宇宙和实验室中等离子体的参数分布。从图中可以看出，等离子体的密度和温度跨度非常大[2]。按照其热力学状态分类，即根据其电子温度、离子温度、气体温度等达到平衡状态的程度，可以分为完全热力学平衡等离子体、局部热力学平衡等离子体和非热力学平衡等离子体[2]。其中，完全热力学平衡等离子体中电子温度、离子温度及气体温度完全一致，可以达到千万开尔文(K)到数十亿开尔文，因此又称为高温等离子体，广泛地存在于恒星、星云等中，宇宙间 99%以上的可见物质都以高温等离子体形式存在。地球上的高温等离子体主要通过核裂变、聚变产生，受控核聚变被科研工作者广泛研究，以期解决人类能源危机[3]。局部热力学平衡等离子体是指电子温度、离子温度、气体温度大致在一个范围的等离子体，其气体温度一般可以达到数千开尔文到数万开尔文，因此又称为热等离子体。非热力学平衡等离子体的气体温度一般为几百开尔文到千开尔文量级。局部热力学平衡等离子体和非热力学平衡等离子体统称为低温等离子体，被广泛地应用于材料表面改性、污染物降解、化工合成、生物医学、等离子体喷涂、航空航天等领域[4-7]。

利用低温等离子体进行材料表面改性获得越来越广泛的关注，已逐渐成为等离子体和材料科学领域的热点。等离子体材料表面改性是等离子体处理实现工业化和材料性能提升的新方法，是材料表面改性技术发展的新方向。以辉光放电为代表的低气压低温等离子体技术已经成功地应用于材料表面改性等工业领域。20多年的理论研究和实践表明，低温等离子体表面改性具有其他传统方法不可比拟的优势。但对于大规模的工业应用来说，低气压等离子体装置存在需要昂贵的抽真空设备、投资维护费用较高、难以进行连续处理等缺点。

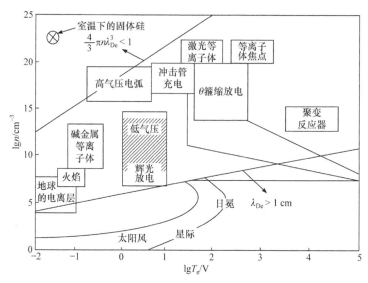

图 1.1 宇宙和实验室中等离子体的参数分布[2]

近年来发展起来的大气压低温等离子体技术可以有效地克服低气压辉光放电处理的缺点，是当前低温等离子体领域的研究热点。大气压气体放电可以在常压下产生大面积、较高能量密度的低温等离子体，其中含有大量种类繁多的活性粒子(电子、离子、激发态粒子、自由基和光子等)，比通常化学反应所产生的活性粒子种类更多、活性更强，而且还具有特殊的声、光、电等物理化学过程，易于和所接触的材料表面发生化学反应。这些活性粒子能量一般为几至几十电子伏特，大于一般材料的表面结合键能(通常为几电子伏特)，和表面作用后可以打开表面化学键而形成新键，使表面发生氧化、还原、裂解、交联和聚合等物理、化学变化，从而提高表面的黏结性、吸湿性、可染色性及生物相容性等性能。

与其他表面改性方法(化学方法和低气压放电处理方法等)相比，大气压低温等离子体材料表面改性有如下优点：属于干式工艺，节能环保，可在大气压下连续运行，处理时间短且效率高；对被处理材料无严格要求，可处理形状较复杂的材料，具有普遍适用性；运行温度接近室温；对材料表面的作用深度仅为几纳米至几百纳米，在材料表面性能改善的同时，材料基体性能不受影响。

1.2 大气压低温等离子体及介质阻挡放电

人工产生大气压低温等离子体的方式有很多，最常见和最重要的方式是气体放电[8]。通常是在电极上施加电压，在电极间隙内产生强电场，从而将气体电离，产生等离子体。大气压低温等离子体是指运行于大气压条件(1 atm = 101 kPa)下放电产生的等离子体。大气压低温等离子体对设备要求较低，同时能够产生较高粒子数密度的活性物种，因此近年来在诸多领域有着广阔应用前景，并成为科研工作者的研究热点[9]。根据发生装置、驱动电源的不同，常见的产生大气压低温等离子体的气体放电类型有：辉光放电、电晕放电、火花放电、介质阻挡放电、电弧放电、射频放电、微波放电等[10]。由于外界控制参数(电极结构、电源功率、工作气体种类)的不同，气体放电产生的等离子体特性也不尽相同。表1.1给出了常见的产生大气压低温等离子体的气体放电的分类及特性。

表1.1 常见的产生大气压低温等离子体的气体放电的分类及特性[10]

特性	辉光放电	电晕放电	火花放电	介质阻挡放电	电弧放电	射频放电	微波放电
驱动电源	DC/AC	DC/脉冲	AC/DC/脉冲	AC/DC/脉冲/RF	AC/DC	RF	MW
电子能量/eV	$2\sim8$	<5	$2\sim20$	$1\sim30$	$2\sim10$	—	$2\sim5$
电子密度/m^{-3}	$10^{15}\sim10^{18}$	$10^{13}\sim10^{16}$	$>10^{21}$	$10^{16}\sim10^{21}$	$>10^{18}$	$10^{19}\sim10^{24}$	$>10^{19}$
最大气体温度/K	1000	400	5000	500	几万	500	>1000

注：AC——交流；DC——直流；RF——射频；MW——微波。

介质阻挡放电(dielectric barrier discharge, DBD)是一种常见的、应用广泛的大气压低温等离子体产生方式，它是一种在电极表面覆盖绝缘介质或在放电空间插入绝缘介质的放电形式，也称为"无声放电""阻挡放电"等。自1857年Siemens首次提出DBD的概念并用于产生臭氧后[11]，DBD的研究一直是低温等离子体领域的热点。近年来，DBD应用逐渐扩展到多个领域，如材料表面改性、环境污染物脱除、杀菌消毒和能源转化等。

DBD从结构上可以分为体DBD和面DBD，体DBD通常有板-板结构、针-板结构、同轴圆柱形结构、刀-板结构等，面DBD可分为共面DBD和沿面DBD两类[12]。此外，部分等离子体射流也是基于DBD结构实现的。各种DBD结构均由金属电极和阻挡介质组成。阻挡介质可以由玻璃、石英、陶瓷或其他低电损耗高击穿强度的材料或半导体材料制成。在一些特殊需求的情况下，将金属电极(如铜箔、铝箔等)涂覆在绝缘介质上，或者在绝缘介质上镀上一层金属作为阻挡介质。此外，也可以在金属电极涂抹绝缘层形成DBD结构。

由于阻挡介质的存在，DBD 无法用直流电源驱动，通常采用交流或脉冲电源驱动。当气体间隙距离在 0.1～10 mm 时，采用的交流电源频率在 0.05～500 kHz[13]。近年来，脉冲电源和射频电源(频率大于等于 1 MHz)也常用于驱动 DBD。从电路的角度看，任何 DBD 结构都可以视为容性负载。当电极两端施加电压后会产生位移电流。位移电流由 DBD 结构的总电容以及施加电压的时间导数决定，而 DBD 的总电容由介电常数、介质厚度以及 DBD 的几何形状决定[12]。当 DBD 由交流高压电源驱动时，在施加电压值增加至击穿电压时，间隙发生击穿，当达到电压最大值时，放电熄灭，一般每个周期发生两次放电。当脉冲电源驱动 DBD 时，在脉冲电压下降沿处，介质表面积聚电荷产生感应电场，导致在同一周期内的第二次击穿(也称为反向放电)[14,15]。

放电均匀性是评价 DBD 的重要特性，也是 DBD 在材料表面改性应用时重点关注的指标之一。从放电形貌区分，DBD 通常呈现均匀(弥散)模式和丝状模式。在早期的研究中，DBD 大多呈现丝状模式。从微观的角度看，在放电空间中，放电发生在许多单独的微小击穿通道中，称为微放电。丝状放电的特征是在空间和时间上随机分布的单个或多个微放电或流光。在这种情况下，击穿机制是流光击穿，电子崩通过气隙传播，产生多种粒子，击穿发生时没有阴极参与[16]。在 20 世纪 70 年代，研究表明通过紫外光子或 X 射线进行外部预电离可以在气体激光设备中生成均匀 DBD[17,18]。驱动电源、工作气体是 DBD 均匀性的重要影响因素。必须注意的是，如果每个周期内的微放电数密度很高，则在肉眼或普通相机看来，即使是丝状 DBD 也是均匀的[16,19,20]，因此需要选择合适的方法来判断 DBD 均匀性，如通过短曝光时间照片结合电流测量来判断。

在放电击穿发生之后，绝缘介质表面被充电，介质表面的电荷积聚降低了微放电位置处的电场，限制了传输电荷总量和平均电流密度，抑制向火花放电或电弧放电模式转变，从而使 DBD 产生的等离子体保持为非平衡状态。此外，由于介质表面积聚电荷的作用，微放电的持续时间极短，流光通道的加热过程不明显[13]。因此，与裸电极放电相比，DBD 的重要特性是气体温度低，这也是 DBD 适用于材料表面改性应用的重要原因之一。

等离子体活性是评价 DBD 应用的另一重要指标。DBD 的反应活性主要来源于放电产生的高能电子、激发态分子和原子、自由基等活性粒子[21]。而这些活性粒子的产生受放电强度、放电模式、工作气体等因素的影响。大气压 DBD 大多采用惰性气体作为工作气体，以获得均匀放电。通常在惰性气体中添加氧气或水蒸气等，提高 O、OH 自由基等活性氧基团的密度，以提高等离子体活性。近年来，DBD 在绝缘材料表面改性领域的需求日益增多，为了提高改性效果，通常采用含氟等元素的气体作为工作气体，以惰性气体作为载气。总而言之，在提高 DBD 活性时，添加的活性成分应根据具体应用需求而定。

1.3　大气压介质阻挡放电材料表面改性

大气压 DBD 能够在常温常压下产生大量活性粒子，活性粒子能量一般为几至几十电子伏特，与材料表面作用能够打开化学键而形成新键，但其能量又远低于高能放射性射线，故 DBD 改性只涉及材料表面百纳米范围内。如图 1.2 所示，DBD 等离子体与材料表面相互作用后，材料表面分子间的化学键被打开，并与放电空间中的自由基结合，在材料表面形成官能团，同时改变材料表面的微观物理形貌，从而改变材料表面性能[22,23]。

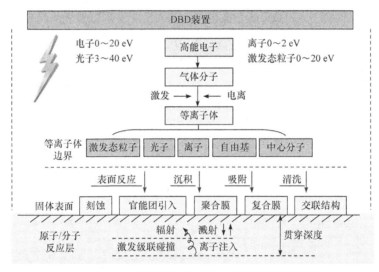

图 1.2　DBD 等离子体和材料表面相互作用示意图

DBD 等离子体与材料表面作用后主要发生以下 4 种物理化学变化：①产生自由基。放电空间活性粒子撞击材料表面，使表面分子间化学键被打开形成自由基，进而使材料表面具有反应活性。②发生表面刻蚀。活性粒子轰击材料表面，改变其表面粗糙度，表面微形貌发生变化。③发生表面交联。材料表面的自由基之间重新结合，形成一层致密的网状交联层。④引入官能团。表面的自由基与 DBD 空间的反应性活性粒子结合，引入特定官能团。因此，可以通过改变 DBD 运行条件和参数，影响放电空间内部活性粒子特性，调控等离子体与材料表面作用的物理化学过程，获得特定的表面物理形貌和化学特性，最终实现材料表面性能的提升。

DBD 对材料表面改性主要分为两类：等离子体聚合和等离子体表面处理。等离子体聚合是将高分子材料暴露于聚合性气体中，气体分子电离产生等离子体，形成分子、离子和原子团，以此促进反应的进行，并在材料表面沉积一层较薄的聚合物膜。与通常的化学聚合相比，等离子体聚合膜在结构上能形成高度交联的网状结构，赋予材料表面新的功能，如热稳定性、化学稳定性、力学强度等。等离子体表面处理是利用非聚合性无机气体(CF_3Cl、NH_3、N_2、O_2、CO_2、H_2/N_2、CF_4/O_2、空气、He、Ar 等)放电产生的等离子体与被处理材料相互作用发生表面反应，从而在表面引入特定官能团，并进一步引发其他单体分子与之进行接枝或聚合，形成交联结构层或生成表面自由基。总体来看，等离子体材料表面改性主要通过引入官能团(亲、疏水性基团)和薄膜沉积(聚合物、金属表面薄膜沉积、表面复合薄膜沉积)的方式来实现。

DBD 材料表面改性主要采用图 1.3 中的两种形式，可将材料直接置入 DBD空间进行处理，如图 1.3(a)所示；也可将 DBD 等离子体用强气流从放电空间吹出到待处理材料表面进行处理，如图 1.3(b)所示。相比较而言，图 1.3(a)所示装置具有能量密度集中的特点，可以有效地对材料表面进行改性，是目前普遍采用的方式，但运行条件参数不合理有可能造成局部能量密度过高而灼伤材料表面。图 1.3(b)所示装置可以很好地避免能量密度集中对材料表面的灼伤，同时也适用于处理具有特殊形状的材料，但由于喷射出来的 DBD 等离子体远离放电空间，其能量密度偏低，可能达不到改性的效果。此外，根据不同的需要还可以把 DBD的电极结构设计成不同的形式，如多针-平板电极结构、刀-板电极结构或者同轴电极结构等[24]。

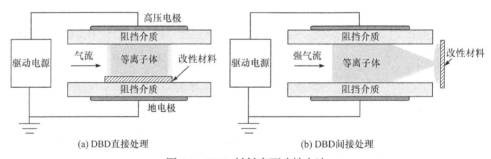

(a) DBD直接处理　　　　　　　　　　　　(b) DBD间接处理

图 1.3　DBD 材料表面改性方法

DBD 等离子体与材料表面相互作用过程与许多因素有关，主要有以下三类：①运行条件，包括气体组分和流速、驱动电源类型和参数、处理时间等；②被处理材料，包括材料类型(如金属、半导体和高分子材料等)及材料表面状态(如表面化学成分、结构、清洁度等)；③反应器类型，包括电极结构、阻挡介质材料和布置方式等。

DBD 的改性效果主要取决于放电参量之间的匹配。一般来说，改性的效果随放电功率和阻挡介质介电常数的增加而增强，而气隙距离则产生与上述相反的影响，当气隙距离变窄时，改性效果通常来说会增强。另外，电源类型、电极结构及处理时间等也对 DBD 等离子体材料表面改性有较大影响。通常可以通过选用不同种类的电源来达到不同的放电模式和电离效率，也可通过改变电极形状布置来提高 DBD 材料表面改性的效果和对一些形状复杂的材料进行表面处理[23,25,26]。可以看到，DBD 表面改性具有很强的灵活性和适应性，可灵活选择处理气体和组合，控制等离子体反应路径，从而获得期望的改性效果。

近年来，DBD 材料表面改性在高压绝缘、新能源、纺织、农业、医疗及电子行业等诸多领域也得到了广泛的应用[27,28]。在高压绝缘领域，利用 DBD 等离子体对绝缘材料进行表面改性，进而提高表面电气性能的研究是放电等离子体在高压绝缘领域的交叉研究方向，在高性能绝缘材料改性应用中具有独特优势[29-31]。通过改性绝缘材料，一方面能够增大材料表面粗糙度，提高电子与材料表面的碰撞概率；另一方面能够改变其表面化学成分，使得绝缘材料表面电荷的陷阱分布与二次电子发射系数发生改变，二者共同作用达到提升沿面耐压效果。另外，通过 DBD 对环氧树脂复合材料进行表面改性，可降低绝缘材料表面的陷阱深度，提高表面电荷迁移速度，从而抑制表面电荷积聚并匀化表面电场分布，提升材料耐压等绝缘性能。

在新能源领域，如何有效提升光伏电池的光电转化效率，提高电池板黏结性能，降低储能设备接触电阻或内阻，是发展高效可靠新能源技术的关键。相较于传统材料改性方法，DBD 等离子体技术以其在改性效率和效果、减少环境污染等方面的独特优势在新能源领域材料改性过程中逐步发挥重要作用。如对于太阳能光伏电池，等离子体处理可钝化氮化硅表面、去除磷硅玻璃、清洗电池片及优化表面绒面，有效提升电池光电转化效率；对于太阳能聚光集热装置，利用 DBD 等离子体对玻璃表面处理，可以有效去除其表面有机污染物，在其表面生成含氧极性基团，提高其表面亲水性，使其对镀银层具有更好的黏结性能；此外，等离子体改性技术在新能源汽车生产制造环节中也有用武之地。

在纺织行业，等离子体处理织物可有效改变其润湿性能、改善黏合性能和染色性能，提高退浆率，增加摩擦性能；在农业领域，等离子体对种子进行改性培育对于作物增产、提质、抗旱以及土壤修复固氮等多个方面具有显著效果；在食品行业，DBD 等离子体处理可有效应用于食品杀菌、灭酶、食品组分改性、真菌毒素和农药残留降解、食品包装等方面；在医疗行业，利用 DBD 等离子体对生物医用材料进行处理，可提高其生物相容性，满足特定的功能需求；在电子行业，除了传统的半导体材料处理之外，DBD 等离子体改性也可用于手机保护屏贴膜、手机外壳装饰背板膜等的处理，以提高其黏结性等性能。

随着对环保和节能的要求越来越严格，DBD 等离子体以其无污染、易于控制、容易实现大规模工业应用的特点呈现出独特的优势。DBD 等离子体材料表面改性技术在节约生产成本、提高生产效率、优化处理效果以及应用前景等方面都体现出明显的优势，是材料表面改性技术发展的新方向。为实现大规模工业应用，未来该领域研究方向将主要集中在以下几个方面：

(1) 设计开发大面积 DBD 发生装置及高性能驱动电源。目前的等离子体发生装置还存在放电强度不均、处理效果不统一等问题，难以满足实际应用中大面积处理的要求。因此，需要对其结构进行优化，以期能够在大气压空气中产生大面积、均匀的等离子体用于处理材料，提高材料处理的效率。同时，相比于工频或高频交流电源，纳秒脉冲驱动 DBD 具有放电欧姆热低、能耗低等优点，可以将能量快速耦合到等离子体中，产生强的等效折合电场，促进气体的强电离和激发，产生大量的活性基团，有利于形成大体积、均匀、稳定的等离子体。开发高性能纳秒脉冲电源可以推动 DBD 材料表面改性技术的发展。

(2) 优化 DBD 等离子体材料表面改性处理条件。DBD 等离子体处理过程中涉及等离子体与材料表面之间复杂的物理化学作用，等离子体参数和材料表面特性都会对这一过程产生影响。而等离子体参数又受到等离子体工作气体氛围(包括前驱物)、驱动电源特性以及等离子体装置结构等的影响；同时，被处理对象种类繁多，目前对不同条件组合下处理效果的对比研究还不完全。需要研究各因素对改性处理效果的影响，针对不同的处理目的，确定最佳的处理条件，以便投入产业化应用。

(3) 探究 DBD 材料表面改性过程等离子体与材料相互作用机理。DBD 等离子体材料表面改性机理尚不清晰，其原因是等离子体与材料表面的相互作用过程相当复杂，与放电条件和材料表面特性都有关系，且一些反应中间产物寿命十分短暂，无法通过实时测量手段进行直观的分析测试。目前的研究主要通过对处理前后材料表面的化学成分和微观结构的变化来推测反应过程，尚未得出确切的结论。DBD 材料表面改性过程等离子体和材料表面的相互作用机理及改善特定性能的机制都需要进一步研究。

(4) 拓展等离子体材料表面改性技术的应用领域。随着等离子体材料表面改性应用领域从原有的半导体加工、纺织印染、电工材料等向生物医学、能源环保、航空航天等更多领域拓展，其改性要求也从原有的提高黏结性、吸湿性、可染色性或疏水性扩展至生物相容性、催化活化、耐辐射以及自清洁等特性。这些新的应用研究涉及材料表面能调控、超疏水及超亲水特性机制、催化剂缺陷活化及官能团接枝等方面，因此探索和扩展等离子体改性在更多领域的应用效果、技术方法、有效调控和机制成为等离子体改性应用研究的前沿。

1.4 本书主要内容

目前，国内外研究人员对介质阻挡放电等离子体的产生、特性诊断及其用于材料表面改性的相关问题开展了大量的研究。本书将重点介绍中国科学院电工研究所和南京工业大学在上述领域的研究工作。在第 1 章绪论基础上，本书后续的章节安排如下：

第 2 章介绍大气压 DBD 的产生与诊断。首先介绍 DBD 产生所需的电极结构、工作气体、阻挡介质和驱动电源；然后介绍 DBD 的基本特性及其诊断方法，包括电学特性、发光特性和粒子特性。

第 3 章首先从电学特性、放电图像和粒子分布等角度介绍大气压 DBD 不同模式的判断方法及特性；然后介绍在不同气体种类、活性成分、驱动电源、气隙距离、介质阻挡方式以及电极结构的情况下，DBD 模式的转换规律。在此基础上，阐述 DBD 模式的形成机制。

第 4 章首先介绍等离子体材料表面改性的基本原理及其实现方法，包括直接处理引入官能团和薄膜沉积；然后从表面物理特性、化学成分和电参数等方面介绍等离子体改性前后材料表面特性的表征方法。

第 5 章围绕等离子体直接处理材料表面改性，首先从其原理出发，介绍 DBD 中自由基的产生，材料表面官能团的引入；然后以亲水改性和疏水改性为例介绍 DBD 材料表面改性效果的调控。

第 6 章围绕 DBD 材料表面薄膜沉积，以聚合物、金属表面薄膜和复合薄膜沉积为例，介绍不同应用场合的薄膜沉积装置和方法，以及薄膜性能测试方法和评价方式。

第 7 章围绕 DBD 材料表面改性在高压绝缘领域的应用，以有机玻璃、环氧树脂等典型绝缘材料为例，介绍 DBD 材料表面改性实现沿面耐压性能、表面电荷积聚/消散速率、真空沿面耐压等不同绝缘性能改善的具体方法和效果，并分析相关机理。

第 8 章和第 9 章围绕 DBD 材料表面改性在新能源及纺织行业、农业食品行业、医疗行业、木材行业等领域的应用，介绍 DBD 材料表面改性工业应用装置的开发及其实际应用效果。

参 考 文 献

[1] Chen F F. 等离子体物理学导论[M]. 林光海译. 北京: 科学出版社, 2016.
[2] 徐学基, 诸定昌. 气体放电物理[M]. 上海: 复旦大学出版社, 1996.

[3] Freidberg J P. Plasma Physics and Fusion Energy[M]. Cambridge: Cambridge University Press, 2007.

[4] von Woedtke T, Reuter S, Masur K, et al. Plasmas for medicine[J]. Physics Reports, 2013, 530(4): 291-320.

[5] Bogaerts A, Neyts E, Gijbels R, et al. Gas discharge plasmas and their applications[J]. Spectrochimica Acta Part B: Atomic Spectroscopy, 2002, 57(4): 609-658.

[6] Bárdos L, Baránková H. Cold atmospheric plasma: Sources, processes, and applications[J]. Thin Solid Films, 2010, 518(23): 6705-6713.

[7] Lieberman M A, Lichtenberg A J. 等离子体放电原理与材料处理[M]. 蒲以康, 等译. 北京: 科学出版社, 2007.

[8] 邵涛, 严萍. 大气压气体放电及其等离子体应用[M]. 北京: 科学出版社, 2015.

[9] Loureiro J, Amorim J. Kinetics and Spectroscopy of Low Temperature Plasmas[M]. Cham: Springer International Publishing, 2016: 413-440.

[10] Tendero C, Tixier C, Tristant P, et al. Atmospheric pressure plasmas: A review[J]. Spectrochimica Acta Part B: Atomic Spectroscopy, 2006, 61(1): 2-30.

[11] Siemens W. Ueber die elektrostatische induction und die verzögerung des stroms in flaschendrähten[J]. Annalen der Physik, 1857, 178(9): 66-122.

[12] Brandenburg R. Dielectric barrier discharges: Progress on plasma sources and on the understanding of regimes and single filaments[J]. Plasma Sources Science and Technology, 2017, 26(5): 053001.

[13] Fridman A, Chirokov A, Gutsol A. Topical review: Non-thermal atmospheric pressure discharges[J]. Journal of Physics D: Applied Physics, 2005, 38(2): R1-R24.

[14] Laroussi M, Lu X, Kolobov V, et al. Power consideration in the pulsed dielectric barrier discharge at atmospheric pressure[J]. Journal of Applied Physics, 2004, 96(5): 3028-3030.

[15] Shao T, Zhang C, Yu Y, et al. Discharge characteristic of nanosecond-pulse DBD in atmospheric air using magnetic compression pulsed power generator[J]. Vacuum, 2012, 86(7): 876-880.

[16] Massines F, Gherardi N, Naude N, et al. Recent advances in the understanding of homogeneous dielectric barrier discharges[J]. European Physical Journal Applied Physics, 2009, 47(2): 22805.

[17] Kogelschatz U. Dielectric-barrier discharges: Their history, discharge physics, and industrial applications[J]. Plasma Chemistry and Plasma Processing, 2003, 23(1): 1-46.

[18] Kogelschatz U. Ultraviolet excimer radiation from nonequilibrium gas discharges and its application in photophysics, photochemistry and photobiology[J]. Journal of Optical Technology, 2012, 79(8): 484-493.

[19] Guikema J, Miller N, Niehof J, et al. Spontaneous pattern formation in an effectively one-dimensional dielectric-barrier discharge system[J]. Physical Review Letters, 2000, 85(18): 3817.

[20] Trunec D, Brablec A, Buchta J. Atmospheric pressure glow discharge in neon[J]. Journal of Physics D: Applied Physics, 2001, 34(11): 1697.

[21] Ono R. Optical diagnostics of reactive species in atmospheric-pressure nonthermal plasma[J]. Journal of Physics D: Applied Physics, 2016, 49(8): 083001.

[22] 胡建杭, 方志, 章程, 等. 介质阻挡放电材料表面改性研究进展[J]. 材料导报, 2007, 21(9):

71-76.

[23] 杨浩, 方志, 解向前, 等. 均匀介质阻挡放电用于材料表面改性的进展[J]. 印染, 2009, 35(10): 49-54.

[24] Pappas D. Status and potential of atmospheric plasma processing of materials[J]. Journal of Vacuum Science and Technology A: Vacuum, Surfaces, and Films, 2011, 29(2): 020801.

[25] 章程, 方志, 赵龙章, 等. 介质阻挡放电在绝缘材料表面改性中的应用[J]. 绝缘材料, 2006, 39(6): 6.

[26] Wagner H E, Brandenburg R, Kozlov K V, et al. The barrier discharge: Basic properties and applications to surface treatment[J]. Vacuum, 2003, 71(3): 417-436.

[27] Scholtz V, Sera B, Khun J, et al. Effects of nonthermal plasma on wheat grains and products[J]. Journal of Food Quality, 2019(1): 1-10.

[28] Wang W, Patil B, Heijkers S, et al. Nitrogen fixation by gliding arc plasma: Better insight by chemical kinetics modelling[J]. ChemSusChem, 2017, 10(10): 2145-2157.

[29] Qi B, Gao C, Lv Y, et al. The impact of nano-coating on surface charge accumulation of epoxy resin insulator: Characteristic and mechanism[J]. Journal of Physics D: Applied Physics, 2018, 51(24): 245303.

[30] 梅丹华, 方志, 邵涛. 大气压低温等离子体特性与应用研究现状[J]. 中国电机工程学报, 2020, 40(4): 1339-1358.

[31] 戴栋, 宁文军, 邵涛. 大气压低温等离子体的研究现状与发展趋势[J]. 电工技术学报, 2017, 32(20): 1-9.

第2章　大气压介质阻挡放电的产生与诊断

介质阻挡放电(DBD)的产生涉及电极结构、工作气体、阻挡介质、驱动电源等多方面因素,明确上述各因素对 DBD 的影响需对其放电特性进行诊断。本章首先介绍 DBD 常见的电极结构、工作气体、阻挡介质和驱动电源的分类及其特性,并给出不同参数条件下放电的特性参数。其次介绍 DBD 电学特性的诊断方法,在此基础上,分别利用电压电流波形和电压-电荷李萨如(Lissajous)法计算反应器等效电容、传输电荷、放电功率等电学参数和分析放电特性。接着介绍放电图像的诊断方法,并给出常见结构 DBD 的图像以及利用增强电荷耦合器件(ICCD)分析放电的发展过程。最后给出利用发射光谱法诊断 DBD 活性粒子的方法及不同气体中发射光谱的结果分析,并详细阐述利用发射光谱计算激发态分子振动温度、转动温度、等离子体气体温度等参数的计算过程。

2.0　引　言

DBD 的典型特征是有介质插入放电空间,其产生装置包括电极结构、工作气体、驱动电源等,它们共同决定了 DBD 的强度、能量效率、模式和等离子体活性等关键性能指标。DBD 电极结构主要由金属电极和阻挡介质组成,根据金属电极的形状、电极和阻挡介质组合方式有不同分类,如板-板结构、针-板结构、同轴圆柱结构等。阻挡介质通常采用的材料有玻璃、石英、陶瓷、云母、塑料、硅橡胶或聚四氟乙烯等。为了在大气压下实现放电,气体间隙通常在 0.1~10 mm,且大气压 DBD 一般常用交流或脉冲高压电源驱动,包括工频交流电源、高频交流电源、射频电源、微秒脉冲电源、纳秒脉冲电源等,电压幅值在 1~100 kV 量级。

DBD 两个电极之间施加电压后,电极间的气体间隙中会形成电场,当外加电场强度达到气体的击穿场强后,放电发生,在宏观上表现为发光发热,在微观上则有电流形成,并产生大量活性粒子。这些现象体现了 DBD 的主要特性,包括电学特性、发光特性、粒子特性三个方面,并且上述特性参数在时间和空间维度上呈现变化的趋势,进行时间空间分辨诊断,可以获得放电的产生机理、发展过程、等离子体活性成分。在 DBD 应用中可根据实际需求调节各种特性参数,进一步调节放电强度、活性粒子种类与密度等参数。

DBD 电学特性诊断利用高压探头、电流探头、示波器等设备采集电压电流波形获得电压和电流的时间变化规律，进而根据电压电流计算功率、气隙电流等参数，获得电气参数、能量效率和能量传递过程等信息。发光特性诊断通过数码相机拍摄放电图像，获得放电宏观形貌、放电强度和放电模式等信息。此外，利用 ICCD 可以拍摄时间分辨图像，诊断放电的发展过程，并判断放电模式。活性粒子诊断主要是对放电产生的活性粒子种类、密度参数进行诊断，还可以根据活性粒子分布计算电子密度、电场强度、气体温度等微观参数，结合时间空间分辨诊断技术还可以获得特征参数的时空分布，进一步明晰放电模式、放电击穿机制等，在此基础上还可以调控放电中能量弛豫过程、活性粒子产生及猝灭过程，指导 DBD 结构设计及应用。

2.1　介质阻挡放电的产生

　　介质阻挡放电的电极结构是由金属电极和阻挡介质的不同组合和匹配形成的。金属电极主要有针电极、平板电极、圆柱电极、刀片电极、线电极等，常用作金属电极的材料包括不锈钢、铜、钨等。相比于材料种类，金属电极的形状对于放电的影响更为显著，这是因为金属电极形状会影响电场强度的分布，从而影响放电的击穿和发展过程，进而影响放电特性和等离子体特性，因此可以通过优化电场获得不同的电极结构设计和不同形式的放电。

　　图 2.1 给出了几种常见平板电极电场强度分布。对于平板电极来说，其边缘的形状对电场分布影响显著。图 2.1(a)和(b)分别是圆角和直角边缘的平板电极的电场强度分布，从图中可以看出，圆角平板电极的边缘电场分布较为均匀，而直角边缘的电场畸变较为明显，各处电场分布有所差异，因此平板电极的边缘通常做成倒角形状。当针电极或圆柱电极做高压电极时，其电极的形状对于电场强度的分布影响显著，如图 2.2(a)和(b)所示，可以看出尖端形状的针电极，电场畸变更明显，气隙间的电场强度更高，更易达到气体的击穿场强，从而形成放电。

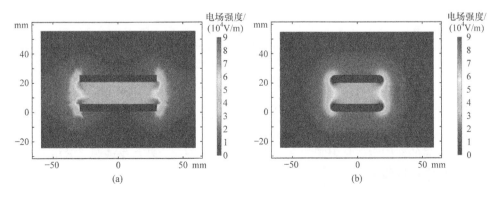

(a)　　　　　　　　　　　　　　　　　　(b)

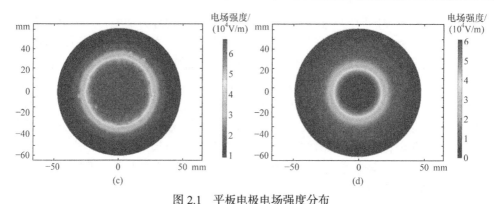

图 2.1　平板电极电场强度分布

(a) 直角边缘正视图；(b) 圆角边缘正视图；(c) 直角边缘俯视图；(d) 圆角边缘俯视图

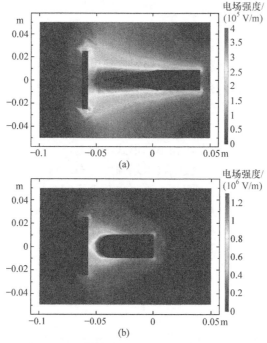

图 2.2　针电极和圆柱电极的电场强度分布

(a) 针电极；(b) 圆柱电极

　　大多绝缘材料均可作为阻挡介质，图 2.3 是 DBD 中常见的阻挡介质材料，它们的相对介电常数如表 2.1 所示[1]。当金属电极覆盖介质后，在外电场的作用下，其表面会积聚电荷，形成与外加电场相反的电场，从而减弱外加电场的强度，因此阻挡介质的作用主要是限制放电电流的增大，抑制向火花放电或弧光放电转变，从而使放电保持稳定。

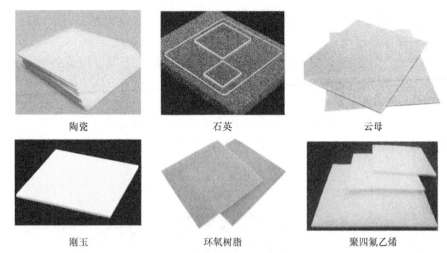

陶瓷	石英	云母

刚玉	环氧树脂	聚四氟乙烯

图 2.3　常见的阻挡介质材料实物图

表 2.1　常见介质材料的相对介电常数[1]

序号	材料	相对介电常数
1	玻璃	5~10
2	石英	3.9
3	陶瓷	6.4
4	云母	6~8
5	刚玉	9.8
6	环氧树脂	2.9
7	聚四氟乙烯	2.6

阻挡介质的介电常数、厚度、表面二次电子发射系数等都会对 DBD 过程和特性产生影响。介电常数主要影响阻挡介质的电容，通常介电常数越大，介质的容值越大，其容抗越小，介质上分压越小，放电越强。改变介质材料种类除了影响介电常数外，还会影响二次电子发射系数，从而影响 DBD 的强度及微放电过程[2]。介质材料的厚度对 DBD 也有着一定影响，阻挡介质的厚度通常为 1~3 mm，介质越厚，其分压越高，施加于气隙的电压越低，放电越难。此外，介质材料的熔点、耐温性不同，会对反应器运行寿命及实际应用效果产生较大影响，因此，要根据实际应用选择合适的阻挡介质。例如，当采用交流电源驱动 DBD 时，放电的热效应明显，等离子体气体温度较高，此时阻挡介质应选择耐高温材料，如聚四氟乙烯、石英或陶瓷等；当采用纳秒脉冲电源驱动 DBD 时，

放电的热效应较弱，产生的等离子体的气体温度通常在室温左右，因此，大多阻挡介质都可选用。

　　将上述金属电极和阻挡介质按照不同形式组合起来可以形成各种结构的DBD，根据放电发生的空间维度可以分为体DBD和面DBD。典型的体DBD电极结构主要有板-板结构、线-管结构(同轴圆柱结构)、针-板结构、线-板结构等[3-9]，如图2.4所示。此外，一些射流放电也采用介质阻挡放电结构[10-12]。图2.5是典型的面DBD电极结构示意图，主要有沿面放电和共面放电两种[13]。

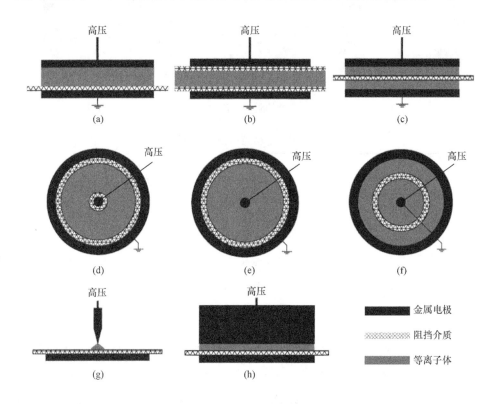

图 2.4　典型体 DBD 电极结构示意图

(a) 单介质板-板 DBD；(b) 双介质板-板 DBD；(c) 悬浮介质板-板 DBD；(d) 双介质同轴 DBD；
(e) 单介质同轴 DBD；(f) 悬浮介质同轴 DBD；(g) 针-板 DBD；(h) 线-板 DBD

　　板-板电极结构是一种典型的对称电极，当电极两端施加高压时，在电极间中心区域形成均匀分布的电场，因此，利用板-板结构在大气压条件下可获得放电等离子体。图2.6是一种典型的板-板结构DBD示意图。在板-板结构DBD中，根据阻挡介质位置可分为三类：一是单一电极覆盖阻挡介质(图2.6(a))，该结构通常在下极板覆盖介质；二是两个板电极均覆盖阻挡介质(图2.6(b))，放电等离子体在两个阻挡介质间产生，不与金属电极直接接触；三是阻挡介质悬浮(图2.6(c))，该结构中阻挡介质将放电区域分为两个部分，可分别通入不同的工作气体。利用板-板结构 DBD 虽然易在大气压条件下获得均匀放电，但是对于电极的几何精度要求高，尤其要保证两个板电极平行。

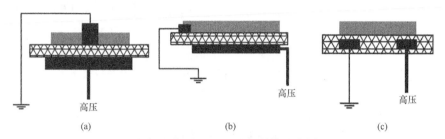

图 2.5 典型面 DBD 电极结构示意图

(a) 对称沿面 DBD；(b) 不对称沿面 DBD；(c) 共面 DBD

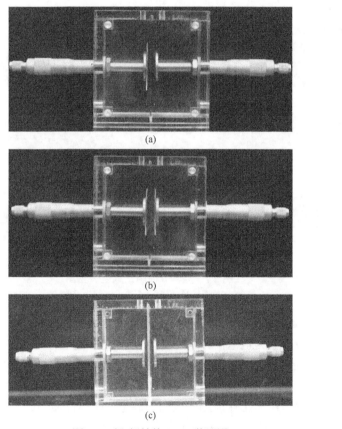

图 2.6 板-板结构 DBD 装置图

(a) 单介质；(b) 双介质；(c) 悬浮单介质

同轴圆柱结构是一种非对称的电极结构，通常由覆盖或插入阻挡介质的同轴电极组成。由于内外电极的曲率半径不同，当施加电压时，电极间形成不均匀电场。在同轴结构中，外电极为高压电极时的击穿电压低于内电极为高压电极时的击穿电压[14]。与板-板结构 DBD 类似，同轴圆柱 DBD 结构根据介质的位置不同也可分为三类。图 2.7(a)给出了一种典型的单介质同轴 DBD 结构，其剖面示意图如图 2.7(b)所示。在单介质同轴 DBD 中，阻挡介质覆盖在内电极外表面或外电极内表面；在双介质同轴结构中，内电极外表面和外电极内表面均覆盖阻挡介质，放电产生的等离子体不与金属电极直接接触，有利于延长其寿命，常被用来处理腐蚀性工业废气；还有将阻挡介质置于两电极之间的 DBD 结构，气隙被分割为两部分，这种结构可以在两个区间内填充不同工作气体，获得不同性质的等离子体。内电极除了用圆柱形结构外，还可以采用其他异形结构，如螺纹杆、凸尖杆、环杆等，如图 2.7(c)所示，这些形状均有助于降低 DBD 击穿电压，提高放电强度。

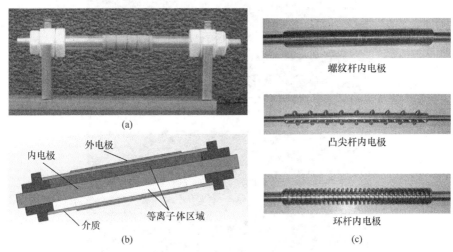

(a)

内电极　外电极

等离子体区域

介质

(b)

螺纹杆内电极

凸尖杆内电极

环杆内电极

(c)

图 2.7　同轴介质阻挡放电装置图
(a) 实物图；(b) 剖面示意图；(c) 异形内电极

针-板结构是一种典型的极不对称结构。在针-板电极结构中，针电极通常作为高压电极，板电极为地电极，并且覆盖一层阻挡介质，如图 2.8(a)所示。由于针电极的曲率半径较小，当施加高电压时，针电极附近会形成较强的电场，该电场将促进初始放电的形成和发展，从而降低起始放电电压。但是单针-板结构放电面积小，为了获得适用于工业应用的大面积放电，在单针-板结构的基础上，扩展成双针-板、多针-板等结构。此外，还存在非等间距的双针-板、多针-板结构，在这些结构中，通常气体间隙较小的电极之间容易发生放电，同时导致较大的气体间隙难以击穿。不过，这种非等间距的多针-板结构在不平整材料表面改性方面具有独特的优势。与针-板结构类似的柱-板结构(如图 2.8(b)所示)也是 DBD 中常用的结构，圆柱电极的曲率半径较大，当施加高压时，产生的是稍不均匀电场，因此放电起始电压相比于针-板结构略高。线-板电极结构是针-板结构在线性方向扩展形成，又称为刀-板结构，由一个片状电极和平板电极组成，通常在平板电极上覆盖阻挡介质，如图 2.8(c)所示。刀-板结构放电既有针-板结构的优点，又弥补了针-板结构放电体积小的不足，也可以避免板-板结构放电产生条件苛刻、稳定性差的缺点。

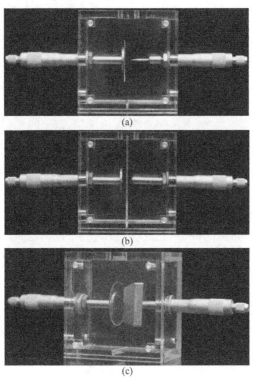

图 2.8　不对称结构 DBD 装置图

(a) 针-板结构；(b) 柱-板结构；(c) 刀-板结构

除了上述常见的 DBD 电极结构外，还有一些复合型电极结构，如多段式 DBD结构等。多段式 DBD 是将两个或多个 DBD 串联或并联，如多段式同轴 DBD，可以用于二氧化碳和甲烷的催化转化，在各部分中分别放入不同的催化剂，提升转化效率。图 2.9 所示的是两种不同结构的两段式同轴 DBD 结构，图 2.9(a)中所有外电极连接于一端，且共用内电极，分段外电极的本质是反应器之间的并联，分段电极之间存在电场的耦合作用。在图 2.9(b)中，两段内电极分别接高压与低压，外电极相连，其本质是两个反应器之间的串联，两部分之间的电场耦合作用相对较弱。

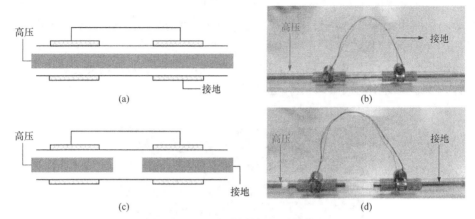

图 2.9　两段式同轴 DBD 结构

(a) 并联式示意图；(b) 并联式实物图；(c) 串联式示意图；(d) 串联式实物图

　　近年来，随着 DBD 在材料改性领域的广泛应用，各种复杂结构 DBD 也不断涌现，其中适合于 DBD 连续处理的装置大多包含了复杂电极组合、传动机构，常见的卷轴式 DBD 结构示意图如图 2.10(a)所示。其中，高压电极阵列由三个直径为 2.5 cm 的管电极组成；地电极直径为 15 cm、长度 1.2 m，同时作为传送辊用于待处理材料的传送。高压电极管与低压电极同轴布置，电极间气隙距离相等。高压电极阵列两端采用绝缘支架固定，气隙距离在 1～2 cm 可调。

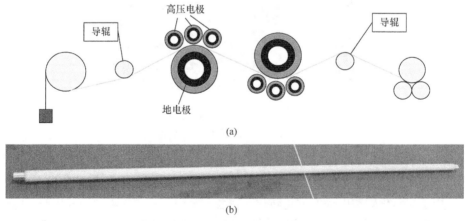

图 2.10　卷轴式 DBD 结构

(a) 示意图；(b) 单根电极实物图

　　DBD 工作气体是影响放电特性、放电强度和等离子体活性的另一重要因素，在选择工作气体时，应考虑应用对象、驱动电源、放电模式等因素。DBD 的工作气体通常有反应性气体和惰性气体。反应性气体包括空气、氮气、氧气等，氦气、氩气、氖气则是常用的惰性气体。空气是 DBD 最常用的工作气体，运行成本低是其最大的优点。氮气也是一种低成本的工作气体，是 DBD 常用的工作气体之一，其击穿场强要低于空气和氧气，其作为工作气体，可以十分方便地利用发射光谱诊断放电等离子体特性。因此，在一些惰性气体放电中也通常加入氮气，便于研究其放电特性。氧气是一种电负性气体，能吸附电子，以其为工作气体时，放电的击穿电压较高，放电强度也比同条件下的空气、氮气弱，但是其放电产生大量活性氧基团，活性较高。

大气压条件下，惰性气体的击穿场强均低于空气、氮气等反应性气体。在惰性气体中，氖气的击穿场强最低，氦气次之，氩气最高[15]。由于氦气和氖气放电中存在具有较高能级能量的亚稳态原子，在反应性气体中添加少量氦气和氖气，利用其彭宁电离效应降低击穿场强，更容易获得均匀放电。但是惰性气体中，DBD 产生的等离子体活性较低，在惰性气体中添加氧气或水蒸气可显著提高等离子体活性[16-18]。添加的活性成分应根据具体应用需求而定，如在利用 DBD 进行亲水材料表面改性时，通常加入水蒸气或氧气等；在疏水改性时，通常添加四氟化碳、六甲基二硅氧烷等气体或前驱物。

2.2　介质阻挡放电的驱动电源

2.2.1　高频高压交流电源

DBD 通常由产生周期性正弦交流的电源驱动。根据频率不同，交流电源可分为工频和高频两大类型。工频交流电源的频率为 50 Hz，高频交流电源的频率常在几十到上百千赫兹，性能上各有优缺点[19]。工频交流电源只需把工频电压经过变压器升压即可输出高压，电路结构简单，但当负载所需功率较大时，其装置比较笨重；而且由于其输出电压频率固定为工频，大大限制了其实际应用。高频交流电源利用高频升压变压器来提升电压，进而进行负载的阻抗匹配。高频交流电源可以提高功率密度，有利于实现 DBD 电源装置的小型化和高效化，便于在需要大功率的工业应用中推广。

高频高压交流电源通常利用电路谐振工作原理得到高频正弦波电压，功率可以达到数十千瓦。谐振电路一般由谐振电感和谐振电容组成，其端口可能呈现容性、感性及电阻性。当电路端口的电压和电流出现同相位，电容中的电场能与电感中的磁场能相互转换，此增彼减，总和时刻保持不变，电路呈电阻性，只需供给电路中电阻所消耗的电能。上述现象称为谐振现象。高频高压交流电源实现了稳定输出，谐振频率由电感和电容决定。

本节简要介绍高频高压交流电源的原理及其驱动的 DBD 特性。图 2.11 给出了一种基于直流调功控制方式下的高频高压交流电源原理图。电源由整流模块、逆变电路、单相绝缘栅双极型晶体管(IGBT)逆变器、谐振回路、高频变压器和控制、保护电路等组成。逆变电路的直流调压单元采用三相可控硅整流电路，可适应大功率的需要。电源的输入为三相工频 380 V 电压，经过三相可控整流后，得到变化范围为 0~510 V 的直流电压。逆变电路采用开关频率始终跟踪谐振频率的控制方式。谐振电路由串联在高频变压器低压侧回路中的电容、电感、高频变压器组成。高频变压器将其低压侧线圈上获得的交变高压输出驱动 DBD 等离子体反应器[20]。

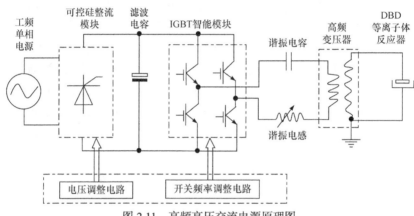

图 2.11　高频高压交流电源原理图

图 2.12 为高频高压交流电源实物图。电源主要由电源主机、高频变压器和高频电抗器、上位监控计算机组成。电源主机包括整流模块、逆变电路、单相 IGBT 逆变器、谐振电容和控制、保护电路，产生电压幅值和频率可调的正弦交流电压。电源主机中谐振电容与高压电抗器的一端相连，构成谐振回路。高压电抗器的另

图 2.12　高频高压交流电源实物图

一端与高频变压器相连实现升压，由于其易于发热影响变压器稳定性，高频变压器浸泡在变压器油的容器中。此外，上位监控计算机可以通过串口与控制电路通信，调整 IGBT 逆变器输入电压。

在调整 IGBT 逆变器直流侧输入电压的同时，可以通过改变电源和负载电参数来调整电源的负载功率，从而改变输出电压的幅值和频率，适应不同 DBD 等离子体反应器稳定运行要求。图 2.13(a)为负载电抗和电源电抗相等时，负载功率、电源效率随着负载电阻(r_l)和电源内阻(r_s)比值变化的曲线。图 2.13(b)为负载电阻和电源内阻相等时，负载功率、电源效率随着负载电抗和电源电抗比值变化的曲线。由图 2.13(a)可见，电源效率随着负载电阻增加而增大。在 $r_l < r_s$ 时，负载功率随负载电阻的增加而逐渐增大；当 $r_l > r_s$ 时，负载功率随着负载电阻的增加而逐渐减小；在 $r_l = r_s$ 时，负载获得最大功率。从图 2.13(b)中可以看出，当 $r_l \equiv r_s$ 时，电源效率保持 50%不变。

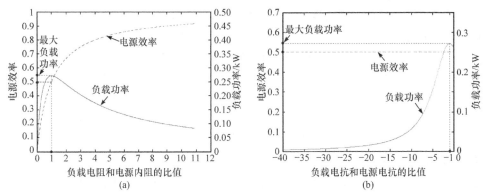

图 2.13　电源效率、负载功率随负载电阻、负载电抗的变化趋势
(a) 负载电抗和电源电抗相等；(b) 负载电阻和电源内阻相等

采用上述高频交流电源驱动大气压空气 DBD，实验条件为：气隙距离 1 mm，电源频率约 36 kHz，外加电压幅值保持 6 kV。图 2.14 给出了高频交流 DBD 的电压电流波形和 Lissajous 图形。图中可见，放电表现为每半周期出现大量脉冲细丝的形式。容性电流幅值为 20 mA，脉冲细丝电流幅值为 70 mA，脉冲细丝持续时间为 6 μs。根据 Lissajous 图可以算出 DBD 每周期消耗能量为 1.08 mJ，单周期放电功率为 38.88 W。

2.2.2　高压脉冲电源

随着脉冲功率技术的发展，近年来脉冲电源也被用于驱动 DBD，其物理本质是在时间尺度上对能量进行压缩，实现高的峰值功率输出。脉冲放电具有高过电压、高功率密度和参数可调等优势，是产生高活性、高密度及均匀大气压 DBD 的

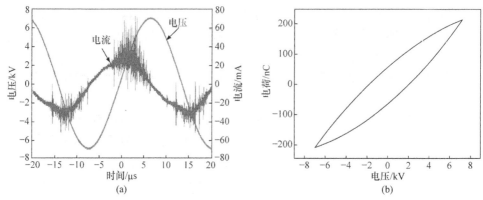

图 2.14　高频交流 DBD 的电压电流波形与 Lissajous 图形

(a) 电压电流波形；(b) Lissajous 图形

有效途径，并能实现放电模式调控、活性粒子产生和能量耦合利用，受到广泛关注。此外，与传统的交流 DBD 相比，脉冲 DBD 能够避免高频交流高压下产生的微放电局部过热现象，可一定程度上提高放电效率[21]。

随着半导体开关器件的成熟，全固态化脉冲电源成为主流，包括基于脉冲变压器的固态脉冲源、基于磁开关的固态脉冲源、基于半导体断路开关的固态脉冲源、基于光导开关的固态脉冲源和基于功率半导体器件的固态脉冲源。此外，随着功率半导体器件的发展，常规半导体器件，如晶闸管、门极关断晶闸管(GTO)、集成栅换流晶闸管(IGCT)、绝缘栅双极型晶体管(IGBT)、金属-氧化物-半导体场效应晶体管(MOSFET)得到了大规模应用。这类电源根据电路拓扑结构，又可分为基于开关串并联结构的脉冲电源、基于全固态 Marx 电路的脉冲电源和基于固态直线变压器驱动源(LTD)的脉冲电源。图 2.15 给出了几种典型的脉冲电源。图 2.15(a)为基于脉冲变压器的微秒脉冲电源，脉冲变压器通过升压较容易地获得高压脉冲。图 2.15(b)为基于磁开关的纳秒脉冲电源，利用电感饱和原理来实现工作状态的转换，进行脉冲压缩和波形的锐化和整形。图 2.15(c)为基于 MOSFET 串联的纳秒脉冲电源，可提高耐压，使脉冲电压幅值和重复频率可调范围更大。图 2.15(d)为基于电感储能的微秒脉冲电源，低电感可实现紧凑型、低抖动、高功率的脉冲高压输出。

基于脉冲变压器的微秒脉冲电源的主电路如图 2.16 所示。其工作原理是：谐振倍压充电回路由初级电容 C_1、电感 L、开关 S(半导体开关)和次级电容 C_2 组成，通过开关 S 的通断把初级电容 C_1 的能量传递给次级电容 C_2。升压输出电路由脉冲变压器 PT 和二极管 D_3 组成，通过脉冲变压器 PT 把次级电容 C_2 上的能量传递给负载，脉冲变压器选择非晶合金的磁芯材料。辅助电路由接触器、时间继电器、电阻、按钮和指示灯组成，达到切换初级电容 C_1 的充电回路和泄放初级电容 C_1

能量的目的。吸收保护电路由电阻、电容、二极管组成，吸收开关 S 通断时的浪涌电流和尖峰电压，保护半导体开关。触发控制电路由脉冲发生器、光电转换部分和驱动回路组成，实现对开关触发信号的调节和隔离。通过 220 V 的交流电给整个电源供电，一路交流电通过调压器 T 到单相整重频工作方式下，谐振倍压

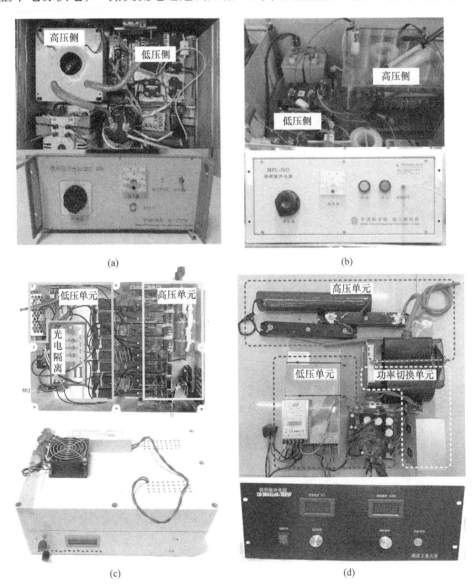

(a) (b) (c) (d)

图 2.15　典型的高压脉冲电源

(a) 基于脉冲变压器的微秒脉冲电源；(b) 基于磁开关的纳秒脉冲电源；
(c) 基于 MOSFET 串联的纳秒脉冲电源；(d) 基于电感储能的微秒脉冲电源

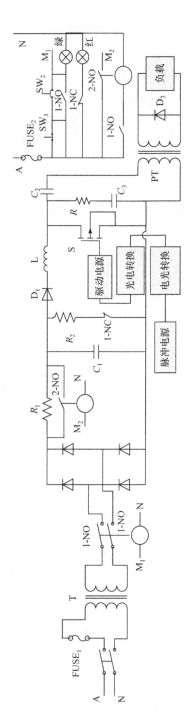

图2.16　基于脉冲变压器的微秒脉冲电源主电路图

充电回路中的初级电容 C_1 必须保证能及时给次级流桥，整流以后给初级电容 C_1 充电，另一路交流电给辅助电路供电。在电容 C_2 恒压充电，这要求初级电容 C_1 在放电以后能及时补充电压，要求初级电容 C_1 的充电时间尽量短，而在开始充电时需要减小充电电流。采用辅助电路实现充电回路的切换，开始充电时串联电阻给初级电容充电，延时一段时间后通过继电器切断电阻，直接给初级电容充电，实现满足充电时间和充电电流要求的目的。

图 2.15(a)所示的微秒脉冲电源，其脉冲变压器采用自然风冷，无需油浸，可以放置在紧凑型机箱中。该电源输出的微秒脉冲的电压幅值 0～25 kV、重复频率 0～3 kHz、脉宽 8 μs。用其驱动 2.2.1 节中所述的空气 DBD，实验条件为：气隙距离 1 mm，电源频率 1500 Hz，外加电压幅值 22.5 kV。测得的放电电压电流波形和 Lissajous 图形如图 2.17 所示。图中可见，微秒脉冲 DBD 的电流表现为双脉冲模式，分别在电压的上升沿和下降沿出现电流脉冲，幅值分别为 3.2 A 和−1 A，下降沿的电流脉冲是由介质上积累电荷产生的，因此幅值相对较低。从 Lissajous 图形可知，在气隙击穿时，等离子体通道参数瞬时变化导致放电电压波动，对应的 Lissajous 图形有振荡部分，整体还是表现为类平行四边形。此外，根据 Lissajous 图形可算得每周期能量为 18.4 mJ，平均功率 27.2 W。

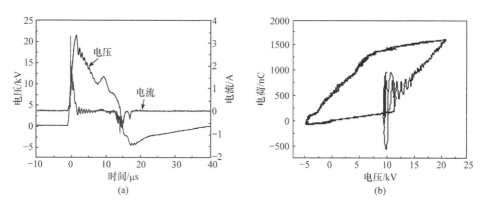

图 2.17　微秒脉冲 DBD 的电压电流波形与 Lissajous 图形
(a) 电压电流波形；(b) Lissajous 图形

基于磁开关的纳秒脉冲电源原理如图 2.18 所示[22]。其工作原理是：直流充电电源通过可饱和脉冲变压器 T_1 和可饱和电感 L_s 对 C_1 充电到额定值；触发开关 S_1 导通，C_1 通过 T_1 放电，把能量并联传输给 C_2 和 C_3，其中 C_3 充电是通过二极管 D 和已饱和磁开关 MS 回路；此时，实际上也把 MS 复位到最佳磁芯工作状态；当 C_2、C_3 充电到某时刻使可饱和脉冲变压器 T_1 产生饱和时，C_2 振荡反向充电，造成 C_2 与 C_3 电势叠加，二极管 D 反偏，电压通过 MS 作用到负载上；MS 很快达到其饱和所需的伏秒值，从而使 MS 饱和成短路状态，将 C_2 与 C_3 中的绝大部分能量传输到负载上。后续每一个周期的脉冲重复上述过程，产生所需的重频脉冲输出。

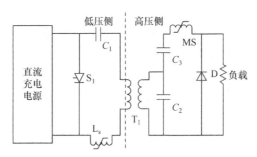

图 2.18 基于磁开关的纳秒脉冲电源原理图

如图 2.15(b)基于磁开关的纳秒脉冲电源的照片所示，高压侧浸泡在变压器油中，防止绝缘击穿和绝缘闪络，高压脉冲通过同轴电缆输出至负载。固态开关 IGBT 需要的触发信号经过脉冲触发器输出至触发板，脉冲触发器输出方波信号，脉宽、幅值及输出频率连续可调，输出方式可设为定时输出和计数输出两种方式。纳秒脉冲电源的主要技术指标为：上升沿约 70 ns，脉宽约 100 ns，输出脉冲峰值 40 kV，重复频率 1～1500 Hz 可调。

采用上述纳秒脉冲电源驱动 CF_4 气氛中的 DBD，实验条件为：气隙距离 1 mm，电源频率 500 Hz，外加电压幅值保持 40 kV。图 2.19 给出了纳秒脉冲 DBD 的电压电流波形和 Lissajous 图形[23]。图中可见，放电电流存在两个脉冲，分别出现在脉冲上升沿和脉冲下降沿，其幅值为正极性脉冲 25 A，负极性脉冲 5 A。负极性脉冲的形成主要来源于上升沿放电时在介质表面积聚的电荷，因此其幅值远低于正极性脉冲。与交流 DBD 不同，纳秒脉冲 DBD 的 Lissajous 图形并非完整的

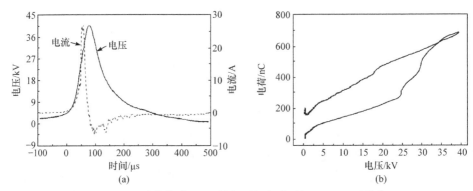

图 2.19 纳秒脉冲 DBD 的电压电流波形与 Lissajous 图形

(a) 电压电流波形；(b) Lissajous 图形

类平行四边形，这和纳秒脉冲等离子体通道形成时间短、通道参数变化快有关。且由于电压未归零，Lissajous 图形没有封闭，但未封闭部分不影响能量和功率计算。根据 Lissajous 图可以算出 DBD 单周期消耗能量为 5.6 mJ，放电功率为 2.8 W，平均功率远低于高频交流 DBD。

2.3 介质阻挡放电的电学特性诊断

介质阻挡放电的产生主要依赖于电极之间施加的电场强度，并受介质上积聚电荷引起的电场影响。如图 2.20 所示，当在高压电极施加变化的电压时，电极间会形成一个等效电场(E_a)，由于位移极化效应，阻挡介质会产生一个反向电场(E_d)，该电场会减弱气体间隙的电场 $E_g(E_g = E_a - 2E_d)$[12]。当气体间隙的电场强度达到击穿阈值时，放电发生，自由电荷通过碰撞电离产生，并分别向两侧电极移动。在放电过程中，阻挡介质表面积聚的电荷会产生与外加电场 E_a 方向相反的电场 E_c，使气体间隙电场减小到 $E_g = E_a - 2E_d - E_c$[12]，随着电荷积聚的增多，E_c 增强，最终导致 E_g 小于击穿场强，放电熄灭。在 DBD 中，若施加的电压极性在下半个周期发生反转，上半个周期内介质表面电荷的记忆效应会增大电场($E_g = E_a - 2E_d + E_c$)，使击穿更容易发生。上述微观过程无法通过实验测量直接获得，但是可以基于 DBD 电学特性诊断并结合理论分析得到。

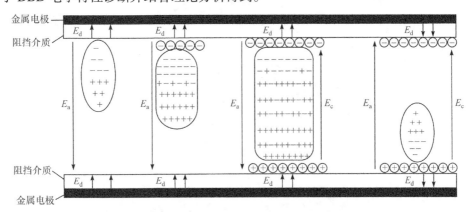

图 2.20 双介质交流 DBD 发展过程示意图

DBD 的电学特性主要包括电压电流演化规律、瞬时功率和平均功率、传输电荷等，DBD 电学特性的诊断有助于理解放电的发展过程、判断放电模式、获得能量传递过程，进而对影响放电的条件参数进行优化，电学特性研究主要利用电压电流波形的测量。放电的电压波形主要通过高压探头测量，电流波形通常采用电流探头或者电流线圈测量，此外也可以在回路里串联采样电容或无感电阻，通过测量电容和电阻两端电压获得回路中的电流波形，上述测得电压和电流波形均通过数字示波器采集和保存。应当注意，在回路中串联的电容和电阻应当具有耐高压的特性，电容的容值是电极结构等效电容容值的 10 倍以上，而电阻的阻值则小于电极结构等效电阻的 1/10，电极结构等效电容的估算方法参见 2.3.1 节。图 2.21 是典型 DBD 的电压电流测量系统及电容和电阻实物，其中主要设备包括数字示波器、电压探头和电流探头等。为了获得气隙电压和电流，实验中通常在接地端串联一个采样电容，并用差分探头测量其两端电压。在获得放电的电压电流波形图后，可以进一步计算瞬时功率、平均功率和传输电荷等参数，常用的计算方法有电压电流波形直接计算、Lissajous 图形法等方法，下文将分别介绍两种方法。

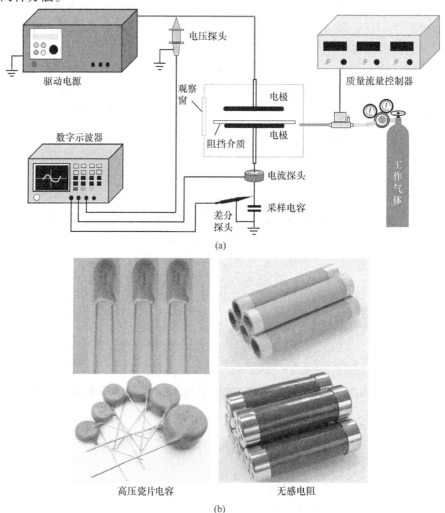

(a)

高压瓷片电容　　　　　　　　　无感电阻

(b)

图 2.21　典型 DBD 的电压电流测量系统及电容和电阻实物

(a) 大气压 DBD 电学特性诊断系统；(b) 电容和无感电阻实物图

2.3.1　利用电压电流波形分析电学特性

利用电压电流波形可以分析放电过程中电压、电流的时间变化情况，根据电流波形可以判断放电的击穿过程。图 2.22(a)和(b)分别是典型的交流 DBD 和纳秒脉冲 DBD 的电压电流波形图。从图 2.22(a)可以看出，在交流 DBD 中，每个周期内放电主要发生在电压上升沿，电压幅值为 8.5 kV，上升沿时间约为 25 μs；电流幅值约为 300 mA，呈现毛刺状电流峰，表明在气隙间发生了多次击穿[24]。在图 2.22(b)所示的纳秒脉冲 DBD 中，电压上升沿时间约为 200 ns，脉宽 800 ns，每个周期内只在电压上升沿处出现一个电流峰，电流幅值约为 10 A。通过对比交流和纳秒脉冲 DBD 的电压电流波形图可以发现，二者的电学特性存在着较大差异。纳秒脉冲 DBD 的电压上升沿时间远小于交流 DBD，电流幅值远大于交流 DBD。

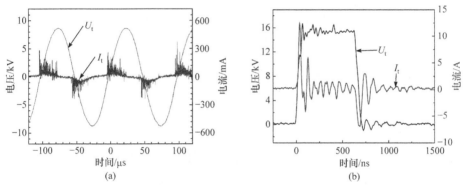

图 2.22　DBD 典型电压电流波形图
(a) 交流 DBD；(b) 纳秒脉冲 DBD

在 DBD 中存在传导电流和位移电流，传导电流由电场引起的电荷在导电媒介中转移形成，而位移电流是由电场的变化引起的。因此，在 DBD 电学特性诊断中除了获得电压电流波形外，还要分别将传导电流和位移电流分离，才能精确诊断放电的电学特性。

利用电压电流波形(图 2.22)，结合等效电路可以计算气隙放电电压、介质电压、放电电流、位移电流等电学参量。外加电压 U_t 在整个 DBD 反应器上为介质层电压与气隙放电电压之和，I_t 为 DBD 结构的等效电容在外加电压下产生的位移电流与气隙放电击穿产生的传导电流之和。其中，气隙放电电压和放电传导电流对于揭示 DBD 起始和熄灭过程以及计算放电功率和能量效率至关重要。因此，可依据等效电气模型对 U_t 和 I_t 进行分离，获取介质电压 U_d、位移电流 I_d、气隙放电电压 U_g、放电传导电流 I_g，并进一步计算得到总平均功率 $\overline{P}_t$、气隙平均功率 $\overline{P}_g$、介质层平均功率 $\overline{P}_d$ 及能量效率 η。

放电前后等效电路[25-27]如图 2.23 所示。其中，介质层等效为介质电容 C_d，气隙间距等效为气隙电容 C_g，I_g 为电压控制电流源，代表气隙内真正的放电电流，U_g 为气隙放电电压。气隙击穿前，DBD 的等效电路可看作是由介质等效电容 C_d 和气隙等效电容 C_g 串联构成；气隙击穿后，微放电发生，由于气隙内各处的电离水平不同，从而导致 C_g 是非线性变化的。如果不考虑存储电荷的损失过程，DBD 的等效电路是由介质等效电容 C_d 和放电间隙的等效电路串联构成。放电间隙的等效电路可等效为 C_g 和电压控制电流源 I_g 并联。

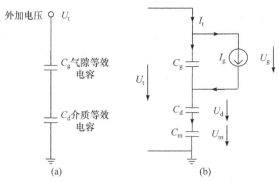

图 2.23　DBD 等效电路模型

(a) 放电前；(b) 放电后

　　为了求得放电的各电气参量，在图 2.23(b)所示电路中串入电容 C_m 用于计算介质电压 U_d，C_m 的取值应远大于反应器等效电容，保证其阻抗远小于系统阻抗，不影响整个系统的放电特性。利用式(2-1)可求得 DBD 反应器未放电时的等效电容 C_{eq}[28,29]：

$$I_d = C_{eq} \frac{dU_t}{dt} \tag{2-1}$$

其中，I_d 为位移电流。未放电时无传导电流 I_g，因此测量得到的 I_t 即为位移电流 I_d[30]，可利用式(2-1)计算相应的 C_{eq}。如图 2.24 所示，介质材料为普通玻璃、气隙距离为 2.5 mm 的同轴 DBD 结构，在外施电压 10 kV(未放电)条件下实验测得 I_t，此时 I_g 为 0，I_t 应与 I_d 相等。I_d 可由式(2-1)计算得出，可选择适当系数与 $\dfrac{dU_t}{dt}$ 乘积，拟合 I_t，如图 2.24 点划线所示，此时该系数即等效电容 C_{eq}。由图 2.24 可知，计算得到的 I_d 与测量得到的 I_t 基本吻合，但实验测量设备精度误差、实际反应器存在一定电感电阻及纳秒脉冲放电引起的杂散电感电容等原因造成 I_t 与 I_d 未完全重合。

　　由于放电过程中电压对 C_{eq} 影响很小[31,32]，反应器未发生放电时计算得到的 C_{eq} 可用于计算纳秒脉冲 DBD 中任意外施电压下的各电气参量。气隙传导电流 I_g 可由式(2-2)计算得到[25]：

$$I_g = I_t - I_d \tag{2-2}$$

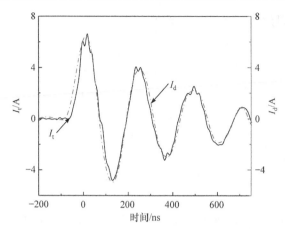

图 2.24   未放电时测量电流与计算的位移电流关系曲线(电压 10 kV，气隙间距 2.5 mm)

U_d 与 C_m 两端电压 U_m 成正比[29]，U_m 可通过差分探头测得，U_d 通过式(2-3)计算得到。

$$U_d = kU_m \tag{2-3}$$

系数 k 的选取使得放电熄灭瞬间 U_g 接近于 0。U_g 由式(2-4)计算得到：

$$U_g = U_t - U_d \tag{2-4}$$

根据以上式(2-1)～式(2-4)的电压和电流，可分别计算反应器的瞬时总功率 P_t，即电源瞬时输出功率，以及瞬时气隙放电功率 P_g。

$$P_t = U_t \times I_t \tag{2-5}$$

$$P_g = U_g \times I_g \tag{2-6}$$

电路损耗和气体扩散带来的功率损耗很小，可忽略，因此，瞬时介质层功率 P_d 可由公式(2-7)得到。

$$P_d = P_t - P_g \tag{2-7}$$

一个周期的总平均功率 $\overline{P}_t$、介质层平均功率 $\overline{P}_d$、气隙平均功率 $\overline{P}_g$ 由式(2-8)～式(2-10)求得。

$$\overline{P}_t = \frac{1}{T}\int_0^T P_t \mathrm{d}t \tag{2-8}$$

$$\overline{P}_g = \frac{1}{T}\int_0^T P_g \mathrm{d}t \tag{2-9}$$

$$\overline{P}_d = \overline{P}_t - \overline{P}_g \tag{2-10}$$

反应器的能量效率 η 由式(2-11)求得。

$$\eta = \frac{\overline{P_g}}{\overline{P_t}} \times 100\% \tag{2-11}$$

本节将以图 2.25(a)所示的电压电流波形为例说明该方法的计算过程。图 2.25(a)给出了同轴 DBD 反应器气隙间距为 2.5 mm、介质材料为普通玻璃、电压为 24 kV 时的 U_t 和 I_t 波形。利用上述分离方法，对图 2.25(a)中的 U_t 和 I_t 进行分离计算得到了 U_g、I_g、U_d、I_d、P_t、P_g 与 P_d 各放电参量，如图 2.25(b)~(d)所示。图 2.25(b)给出了分离得到的 U_g 和 I_g，可以看出在 U_g 最高值时达到了放电击穿电压，出现传导电流，此时 U_g 值下降直至 0，U_g 和 I_g 峰值分别约为 12 kV 和 28 A，I_g 持续时间大约为 200 ns，放电结束后气隙上仍会积累一定电压，但是没有达到击穿电压，因此没有产生放电电流。图 2.25(c)给出了分离得到的 U_d 和 I_d，可以看出 I_d 为容性电流，相位超前 U_d，当放电熄灭后大部分电压施加在介质上。由图 2.25(d)可见，一个周期内 P_t、P_g 瞬时功率中的峰值出现在第一个脉冲，P_g 的峰值约为 310 kW，

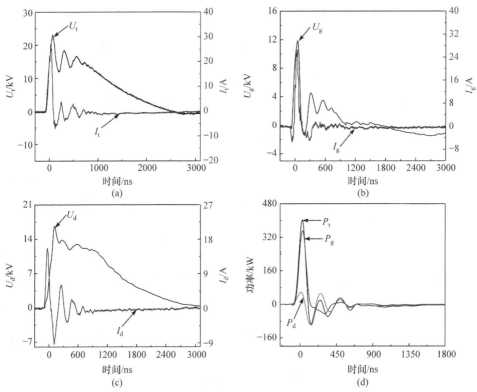

图 2.25 实验测得的 U_t 和 I_t，分离得到的 U_g 和 I_g、U_d 和 I_d 和相应的 P_t、P_d、P_g

(a) U_t 和 I_t；(b) U_g 和 I_g；(c) U_d 和 I_d；(d) P_t、P_d、P_g

P_t 的峰值约为 405 kW，P_d 的峰值远小于 P_g 的峰值，为双极性脉冲，当其为负值时介质层给整个电路输出功率，并在气隙上产生反向放电，这表明电源提供的能量大部分用于放电气隙中产生等离子体，剩余部分消耗或储存在介质层中。

2.3.2　利用 Lissajous 图形分析放电过程

DBD 的电学特性除了采用电压电流波形分析外，还可以通过 Lissajous 图形法来分析。Lissajous 图形法通常可以获得放电的传输电荷、击穿电压、平均功率等参数。如 2.3.1 节所述，DBD 反应器可以看作由放电电极、放电气隙和阻挡介质构成的电容器，其充放电过程可等效为电容器电荷的传输过程，极板上传输的电荷量能够反映放电情况。通常在放电反应器和地电位之间串联一个无损电容器 C_0 来测量反应器中传输的电荷量，利用测得的电荷量与分压器或高压探头上获得的外加电压信号作图，获得一个平行四边形，即 DBD 的 Lissajous 图形，如图 2.26 所示。图中 AB、CD 两边分别代表放电过程中电源向 C_d 充电，对应放电阶段，而 BC、DA 两边分别对应放电截止阶段。A、C 两点分别对应外加电压正负半周期内 DBD 由截止阶段转为放电阶段的时刻，其对应电压即 V_b，B、D 两点则分别对应外加电压正负半周期内 DBD 由放电阶段转为截止阶段的时刻，其对应电压即 V_p。

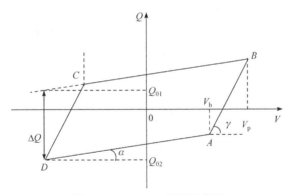

图 2.26　Lissajous 图形示意图

Lissajous 图形与 DBD 反应器结构和运行条件密切相关，因此 DBD 的电气参数和反应器参数，如反应器的等效电容、放电的击穿电压、峰值电压、放电持续时间、放电功率和传输电荷，也可利用测量得到的 Lissajous 图形来计算。同时根据 Lissajous 图形随工作条件及状态的变化，还可以判断 DBD 的稳定性及其变化规律[28]。

放电过程中，外加电压每个周期内 DBD 消耗的能量 W 可由式(2-12)表示：

$$W = \int_{t_0-\frac{T}{2}}^{t_0+\frac{T}{2}} v(t)i(t)\mathrm{d}t \tag{2-12}$$

式中，T 为外加电压的周期；$v(t)$ 为外加电压；$i(t)$ 为放电电流，即流过测量电容的电流，可由式(2-13)计算：

$$i(t) = \frac{\mathrm{d}q}{\mathrm{d}t} = C_0 \frac{\mathrm{d}V_{C_0}}{\mathrm{d}t} \tag{2-13}$$

式中，C_0 为测量电容的容值；V_{C_0} 为测量电容 C_0 两端的电压；q 为反应器和 C_0 上传输的电荷。由式(2-12)和式(2-13)可得

$$W = \int_{t_0-\frac{T}{2}}^{t_0+\frac{T}{2}} v(t)C_0\mathrm{d}V_{C_0} = \int_{t_0-\frac{T}{2}}^{t_0+\frac{T}{2}} v(t)\mathrm{d}q(t) \tag{2-14}$$

从式(2-14)可以看出，每周期内放电消耗的能量等于 Lissajous 图形的面积，从而 P 可按式(2-15)计算[33]：

$$P = \frac{W}{T} = \frac{1}{T}\int_{t_0-\frac{T}{2}}^{t_0+\frac{T}{2}} v(t)\mathrm{d}q(t) = \frac{1}{T}\int_0^T v(t)\mathrm{d}q(t) = fS \tag{2-15}$$

式中，S 即为图 2.26 中 Lissajous 图形的面积。

图 2.26 中，AB、CD 两边的斜率即为 C_d，BC、DA 两边的斜率即为 DBD 反应器的等效电容 C_eq，故 C_d、C_g 可由式(2-16)和式(2-17)计算：

$$C_\mathrm{d} = \tan\gamma \tag{2-16}$$

$$C_\mathrm{g} = \frac{\tan\alpha \times \tan\gamma}{\tan\gamma - \tan\alpha} \tag{2-17}$$

一个周期内传输电荷总量 ΔQ 和时间间隔 Δt 也可分别由式(2-18)和式(2-19)计算：

$$\Delta Q = 2(Q_{01} - Q_{02}) \tag{2-18}$$

$$\Delta t = \frac{1}{2\pi f}\left[\frac{\pi}{2} - \sin^{-1}\left(\frac{V_\mathrm{b}}{V_\mathrm{p}}\right)\right] \tag{2-19}$$

根据 Lissajous 图形中电荷 Q 的不同来源，获得 Lissajous 图形的方法分为串联电容器法和电流积分法，其结果如图 2.27 所示[33]。采用电流积分法时，实验中的时间尺度为纳秒量级，在测量窄脉冲电流时由于测量线路的误差引起的相位差使误差放大，而且在积分时电流测量引起的误差被累计放大，因此使用电流积分法会有较大误差；使用串联电容器法时，施加脉冲电压与电容器电压选择相同的

探头来减小相位和测量误差，根据 DBD 的原理，电容器电压直接反映放电的电荷量，不需要积分。相同情况下使用电流积分法得到的放电能量要大于使用串联电容器法测量得到的值。因此，使用串联电容器法测量放电能量更接近放电间隙所消耗能量的实际值。

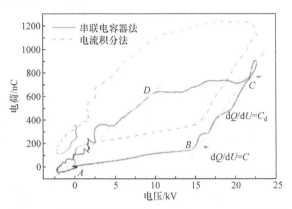

图 2.27　采用不同方法获得 DBD 的 Lissajous 图形[33]

　　图 2.28 是同轴 DBD 典型的电压电流波形和对应的 Lissajous 图形，其中图 2.28(a)是同轴 DBD 电压电流波形图，图 2.28(b)是同轴填充床 DBD(填充玻璃小球)的电压电流波形图，图 2.28(c)是 Lissajous 图形。从图中可以看出，未填充玻璃小球时电流脉冲幅值远高于填充 DBD，而填充小球后 DBD 的击穿电压大于未填充时的击穿电压。经 Lissajous 图形法计算获得两种放电情况下放电功率均为 40 W，但是填充了玻璃小球之后 Lissajous 图形由未填充时的平行四边形转变为近似桃核形。

　　除了上述两种微观参数计算方法外，对于一些不规则的电流波形，还可以用包络线法分离电流波形。该方法通过电压的时间微分拟合得到电流的包络线，然后用测的电流波形减去拟合得到的包络线，可得到放电电流即传导电流。

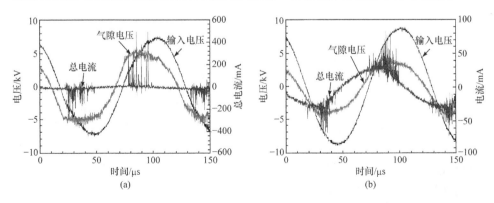

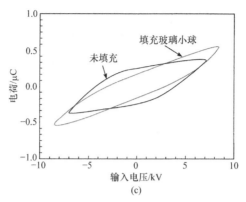

图 2.28　同轴 DBD 典型的对应的电压电流波形和 Lissajous 图形

(a) 无填充的同轴 DBD 电压电流波形图；(b) 填充玻璃小球的同轴 DBD 电压电流波形图；

(c) 同轴 DBD 典型 Lissajous 图形

2.4　介质阻挡放电的发光特性诊断

放电图像可从宏观层面对放电强度和均匀性进行表征，其常用的诊断设备有数码相机、高速相机、ICCD。图 2.29 是光学特性诊断系统示意图，主要设备包括数码相机、光谱仪等。

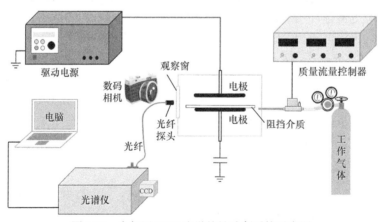

图 2.29　大气压 DBD 光学特性诊断系统示意图

放电图像通常利用数码相机拍摄，其中曝光时间是拍摄放电图像的关键参数，为了获得较为理想的放电图像，曝光时间一般设置为毫秒量级。目前数码相机性能强大，部分相机的曝光时间可达微秒量级，采用极短的曝光时间拍摄放电图像甚至可以获得单次放电图像。但实际拍摄中应考虑放电发光强度等因素，合理选择曝光时间、光圈、感光度等参数。

在拍摄放电图像时，采用水电极结构 DBD 可以更为直观地显示放电发光特性。实验在开放的空气环境中进行，双水电极为两个盛水的石英玻璃管，盐水质量分数为 16.7%，玻璃管直径为 35 mm，长度为 50 mm，两个石英玻璃管平行侧面作为介质阻挡层，厚度为 1 mm，介电常数为 3.4。分别采用 2.2 节中介绍的纳秒脉冲电源和高频交流电源驱动大气压空气 DBD，并拍摄放电图像。所有的照片都是在相同的条件下拍摄的。

图 2.30 给出了高频交流和纳秒脉冲 DBD 图像。每张放电图像显示出所用电源和施加的电压峰值。交流 DBD 充满亮点，每个亮点对应一个丝状通道，随着电压升高，亮点充满整个放电空间，但并不均匀。而纳秒脉冲 DBD 即使在很低电压下都非常均匀，表现为弥散的放电充满整个电极端面，其亮度也随着电压的增加而增加。

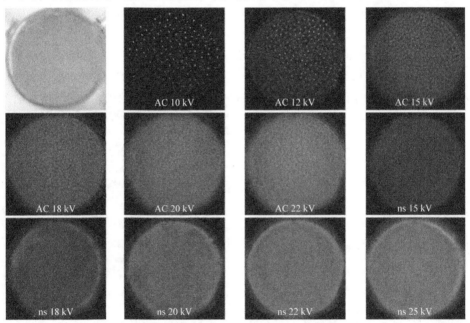

图 2.30　高频交流和纳秒脉冲 DBD 图像

AC：高频交流；ns：纳秒脉冲

拍摄时采用的曝光时间对判断放电模式有重要影响。图 2.31 给出了在不同气体间隙下脉冲频率 150 Hz 的纳秒脉冲电源驱动的大气压空气板-板 DBD 图像，其中图 2.31(a) 的曝光时间为 500 ms，图 2.31(b) 的曝光时间为 2.5 ms[34]。根据脉冲频率可知放电周期为 6.67 ms，因此图 2.31(b) 的放电图像为单次放电图像。从图 2.31 可以看出，大气压空气 DBD 长时间曝光在不同气隙下均表现为均匀分布的形态，但从单次放电图像可知，当气体间隙大于 4.5 mm，可以观察到放电细丝，说明在不同曝光时间下放电形貌可呈现不同结果，要想获得真实的放电形貌，需要合理设置曝光时间拍摄单次放电图像。

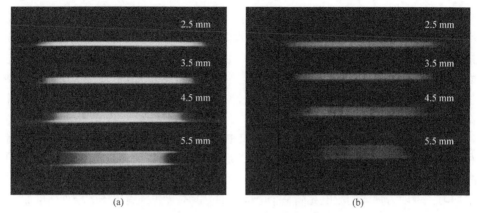

图 2.31　大气压空气纳秒脉冲 DBD 图像(脉冲频率 150 Hz)[34]

(a) 曝光时间 500 ms；(b) 曝光时间 2.5 ms

　　ICCD 的快门时间极短，小于放电的持续时间，因此可以拍摄纳秒量级的时间分辨图像，从而得到放电的发展过程。在利用 ICCD 拍摄时间分辨图像时，需要设置电源与 ICCD 的同步触发。图 2.32 是利用 ICCD 拍摄的水电极 DBD 时间

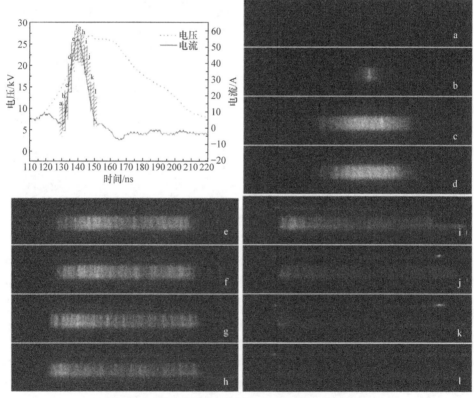

图 2.32　ICCD 拍摄的水电极 DBD 时间分辨图像[35]

分辨图像，设置单次曝光时间 2 ns，一次触发后触发时延 2 ns，总触发次数为 51 次。实验时，外加电压为 25 kV，气隙距离为 4 mm。为了减少脉冲放电电磁干扰对相机的影响，重复频率设为 50 Hz。在实验的同时记录示波器波形，通过与 ICCD 拍摄的图像进行匹配，得到放电发展过程的图像。施加脉冲电压和放电电流波形如图 2.32 线条图所示，ICCD 触发快门信号也标记在图中放电电流对应的位置上。图 2.32 中 a~l 显示的是从侧面拍摄得到的图像，给出了 DBD 一次放电的发展过程。图中可见，随着电压升高，放电首先在气隙的中间产生，沿径向发展并充满整个空间，如图 2.32 中 b~e 所示。当电压达到峰值后(图 2.32 中 f)，放电逐渐变弱，逐渐熄灭，如图 2.32 中 g~l 所示。上述图中，气隙内存在明暗相间的分布，表明此时 DBD 为细丝放电，处于丝状模式。可见通过短曝光时间(快门时间通常小于 10 ns)的图像，也可以判断出 DBD 的放电模式。需要指出，由于曝光时间 2 ns 的放电强度相对较弱，放电图像亮度偏暗，图片使用增强对比度的模式显示。

2.5 介质阻挡放电的等离子体参数诊断

活性粒子是影响 DBD 应用的重要因素，在 DBD 等离子体的产生过程中，电子的碰撞激发、解离和电离过程产生了大量的基态、激发态和亚稳态粒子(包括分子、原子、自由基等)，这些活性粒子是等离子体活性的重要来源，因此，诊断 DBD 产生的活性粒子，有助于理解等离子体中的物理化学过程，为 DBD 等离子体活性的调控提供参考。活性粒子特性诊断通常采用的方法有发射光谱法、吸收光谱法、激光诱导荧光光谱法等。吸收光谱法是一种根据比尔-朗伯定律定量测量等离子体中基态活性粒子密度的方法，该方法只适用于高密度粒子的测量。激光诱导荧光光谱法则是一种可以进行定性或定量分析的诊断方法，用一束特定波长的激光辐照某种原子或分子，使之恰好由低电子态共振跃迁到高电子态。跃迁到激发态的原子或分子随即自发辐射放出荧光，通过测量荧光光谱获得被测原子或分子的密度信息。该方法的局限性在于难以用于大分子诊断。发射光谱法是通过测量激发态粒子跃迁辐射的光来获得粒子的信息。相比于其他方法，发射光谱法由于具有操作简单、适用范围广、对放电等离子体无干扰等优点，是最常用的方法之一。通过发射光谱诊断可以获得等离子体中活性粒子的信息，推断等离子体中的物理化学反应过程。此外还可以根据发射光谱计算得到激发态分子的振动温度、转动温度、等离子体气体温度、电子密度等信息。

2.5.1 发射光谱诊断

由于某种元素原子或分子只能产生特定波长的谱线，可根据光谱图中是否出现某些特征谱线，判断是否存在某种元素。实验中，通常利用发射光谱诊断放电等离子体中激发态原子、分子和自由基等活性粒子。同时,利用 ICCD 或光电倍增管耦合光谱仪可以获得时间分辨发射光谱，从而对等离子体特性进行瞬态分析。图 2.33 是大气压空气纳秒脉冲 DBD 典型发射光谱图，可以看出在波长范围 $300 \sim 450$ nm，发射光谱主要有 $N_2(C\text{-}B, \nu', \nu'')$、OH(A-X)和 N_2^+(B-X, 0-0, 391.4 nm)。在大气压空气 DBD 中，高能电子与分子的碰撞解离、激发和电离过程产生大量的活性粒子。激发态的氮分子主要通过电子与基态氮分子的碰撞产生，产生 $N_2(A)$、$N_2(B)$、$N_2(C)$所需能量分别为 6.17 eV、7.35 eV、11.03 eV。另外，亚稳态的 $N_2(A)$之间的碰撞反应也可以生成 $N_2(C)$。氮分子离子 N_2^+(B)可以通过电子与基态的氮分子 $N_2(X^1\Sigma_g^+)$ 碰撞电离反应产生，或者先通过氮分子 $N_2(X)$与电子的碰撞电离生成基态 N_2^+(X)，然后与电子碰撞激发生成[36]。

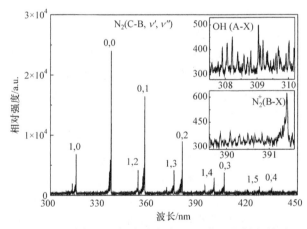

图 2.33　大气压空气纳秒脉冲 DBD 典型发射光谱图

大气压氩气 DBD 等离子体典型发射光谱如图 2.34 所示。在光谱范围 $650 \sim 900$ nm，发射光谱主要由原子光谱组成，包括氢原子 H_α、氧原子 $O(3p\ ^5P \rightarrow 3s\ ^5S^\circ$, 777 nm)和氩原子 Ar(4p→4s)等。氢原子和氧原子光谱主要来自于氩气中杂质气体水蒸气的解离激发。

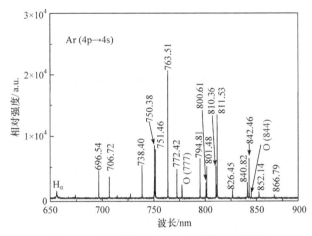

图 2.34　大气压氩气 DBD 典型发射光谱图

在大气压氩气 DBD 中，高能电子与原子分子的碰撞解离和激发过程会产生大量的活性粒子。由于亚稳态的 Ar 原子的能级能量较高，其彭宁电离也是生成活性粒子的重要反应通道。对氩原子来说，放电过程中电子与氩原子的碰撞产生的活性物种主要有 4s 共振激发态 $Ar_r(4s)$、4s 亚稳态 Ar_m、激发态 $Ar(4p)$ 和氩离子 Ar^+ 等。亚稳态 Ar_m 的能级能量为 11.5~11.7 eV，共振激发态 $Ar_r(4s)$ 的能级能量为 11.6~11.8 eV，激发态 $Ar(4p)$ 的能级能量为 12.9~13.5 eV，其能级示意图及主要反应过程如图 2.35 所示[37]。

大气压氦气 DBD 等离子体典型发射光谱图如图 2.36 所示，其主要谱线为 He I 谱线 He($3p\ ^3P° \rightarrow 2s\ ^3S$，388.9 nm)、He($3p\ ^3P° \rightarrow 2s\ ^3S$，471.3 nm)、He($3p\ ^1P° \rightarrow 2s\ ^1S$，501.6 nm)、He($3d\ ^3D \rightarrow 2p\ ^3P°$，587.6 nm)、He($3d\ ^1D \rightarrow 2p\ ^1P°$，667.8 nm)、He($3s\ ^3S \rightarrow 2p\ ^3P°$，706.5 nm)、He($3s\ ^1S \rightarrow 2p\ ^1P°$，728.1 nm)。此外，由于残留的空气和水蒸气，光谱中还测得了 OH($A^2\Sigma \rightarrow X^2\Pi$)、$N_2$($C^3\Pi_u \rightarrow B^3\Pi_g$)、$N_2^+$($B^2\Sigma_u^+ \rightarrow X^2\Sigma_g^+$)、$H_\beta$(486.1 nm)、$H_\alpha$(656.3 nm)、O($3p\ ^5P \rightarrow 3s\ ^5S°$，777.4 nm)、O($3p\ ^3P \rightarrow 3s\ ^3S°$，844.6 nm)。

大气压氦气 DBD 中，自由电子与 He 原子碰撞，产生激发态和亚稳态 He。由于 He 的激发态的能级能量较高(22.7 2~23.09 eV)，He 原子更容易被激发至亚稳态，如 $2s\ ^1S_0$ 态(20.6 eV)、$2s^3S_1$ 态(19.82 eV)等。在氦气 DBD 中，亚稳态 He 的能级能量远高于激发态 OH(A)、N_2(C)等粒子，因此这些激发态粒子也可以通过亚稳态 He 直接与 H_2O 或 N_2(X)碰撞解离、激发产生。此外，由于氦气中存在的杂质气体，亚稳态 He 的彭宁电离可以为放电提供种子电子，对于放电均匀性有重要影响。

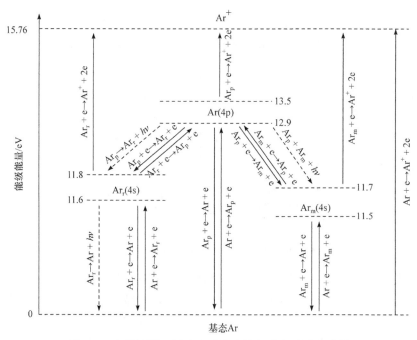

图 2.35　氩原子的亚稳态和激发态能级及主要反应过程

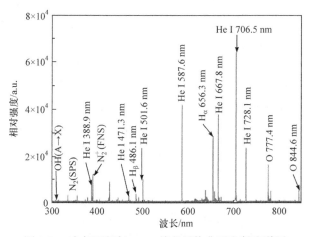

图 2.36　大气压氦气 DBD 等离子体典型发射光谱图

2.5.2　等离子体温度

在等离子体材料改性应用过程中，等离子体与被处理材料直接接触，若等离子体气体温度过高则会导致样品表面损坏，因此，定量诊断等离子体气体温度在材料表面改性中具有十分重要的意义。等离子体气体温度(gas temperature，T_g)即平动温度，在大气压 DBD 等离子体中，由于分子转动能级的能级差较小，氮分子、氧分子之间的频繁碰撞可以使分子的转动能和平动能达到平衡，即分子的转动温度(rotational temperature，T_{rot})约等于等离子体气体温度。根据该原理，可以利用大气压 DBD 等离子体激发态氮分子的发射光谱计算得到等离子体气体温度。

在等离子体源的开发及其应用中，等离子体的其他温度特性参数，如电子温度、分子的振动温度(vibrational temperature，T_{vib})也是重要指标。在大气压放电中，传统的探针诊断技术无法实施，等离子体电子温度(electron temperature，T_e)难以直接测量。但是电子与分子的碰撞激发过程，使电子能量转变为分子的振动能量，再通过分子的振动-转动弛豫转变为分子的转动能、平动能，从而实现气体加热过程。因此，分子的振动温度在某种程度上能够反映等离子体中电子温度的高低。此外，在局部热力学平衡等离子体中，电子激发温度(electron excitation temperature，T_{exc})约等于电子温度，通过计算电子激发温度也可以获得电子温度参数。分子的振动温度和电子激发温度均可以通过发射光谱获得，从而间接表征等离子体中的电子温度。以下主要介绍振动温度和转动温度的拟合计算方法。

1) 振动温度拟合方法

目前，利用激发态分子的发射光谱拟合是大气压放电气体温度诊断最简便有效的方法。利用发射光谱拟合计算激发态分子振动温度和转动温度的原理如下。

对于等离子体中双原子基团的发射光谱，如果只关注某一振动分辨光谱，那么振动光谱强度公式可表示为式(2-20)：

$$I(\nu) = C \frac{8\pi h \nu^3}{c^3} N_\nu R_e^2 F_{\upsilon\upsilon'} \tag{2-20}$$

其中，$I(\nu)$ 是振动光谱强度；R_e^2 是电子态跃迁距的平方；N_ν 是振动激发态能级上的粒子数密度。由于 C、R_e^2 和 $F_{\upsilon\upsilon'}$ 都是常数，选取相同分子同一振动带系的两条振动光谱的强度分别为 I_1 和 I_2，通过 I_1 和 I_2 计算出 I_2/I_1，就可得到振动激发态能级上的粒子数密度比值 N_2/N_1。由于振动激发态能级上的粒子数密度服从玻尔兹曼分布，则有式(2-21)：

$$N_2/N_1 = e^{-\frac{E_1-E_2}{kT_{vib}}} \tag{2-21}$$

其中，T_{vib} 为振动温度。因此，只要已知两条振动光谱的强度积分就可以利用上述公式计算出振动温度。

2) 转动温度拟合方法

如果只关注某一振动带内的转动分辨光谱，那么转动光谱强度公式可表示为式(2-22)：

$$I(J) = C_{v,v'} N_{v',J'} S_{JJ'} \tag{2-22}$$

其中，$I(J)$ 是转动光谱强度；$C_{v,v'}$ 是由 C、R_e^2 和 $F_{v'v'}$ 构成的与转动态无关的常数；$S_{JJ'}$ 是转动线强度也就是 Honl-London 因子；$N_{v',J'}$ 是转动能级上能级的粒子数密度。

$N_{v',J'}$ 服从玻尔兹曼分布，则有式(2-23)：

$$N_{v',J'} = \frac{N_0}{Q_r} g_e g_{v'} g_{J'} \exp\left(-\frac{E_{J'}}{kT_{\mathrm{rot}}}\right) \tag{2-23}$$

其中，T_{rot} 表示转动温度；Q_r 为转动态分配函数；g_e、$g_{v'}$、$g_{J'}$ 分别表示分子能级、振动能级和转动能级上能级的统计权重；$E_{J'}$ 为相应转动光谱上能级的能量。

结合式(2-22)和式(2-23)，可以得出式(2-24)：

$$I(J) = C_{v,v'} \frac{N_0}{Q_r} g_e g_{v'} g_{J'} \exp\left(-\frac{E_{J'}}{kT_{\mathrm{rot}}}\right) S_{JJ'} \tag{2-24}$$

因此，转动温度 T_{rot} 可以根据上述公式通过相应转动光谱的强度积分计算。

由于上述计算过程较为复杂，目前常用科学软件对发射光谱进行拟合，例如科学计算软件 Specair 就是利用上述原理计算激发态分子的振动温度和转动温度[38]，图 2.37 是利用 Specair 软件拟合 $N_2(\text{C-B},\Delta v = 3)$ 谱线的结果，从而得到激发态氮分子的转动温度和振动温度分别为 390 K 和 3700 K，进而获得 DBD 等离子体的气体温度约为 390 K。

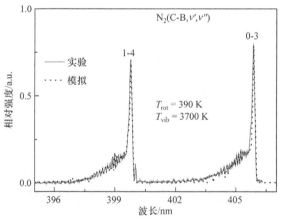

图 2.37　大气压空气 DBD 中 $N_2(\text{C-B},\Delta v = 3)$ 的实验曲线和拟合曲线对比

2.6　本　章　小　结

本章介绍了介质阻挡放电的电极结构、阻挡介质和工作气体及驱动电源，介

绍了大气压介质阻挡放电主要的诊断方法，包括电学诊断、放电图像诊断和光谱诊断方法。电学诊断法主要通过测量电压电流波形判断放电模式，计算放电功率、传输电荷等参数，获得放电发展过程等信息。利用放电图像诊断，可以直观地获得放电形貌和放电发展过程。光谱诊断法通过采集介质阻挡放电产生的发射光谱获得放电等离子体中活性粒子的信息，通过发射光谱还可以计算等离子体气体温度等信息。

参 考 文 献

[1] 国家市场监督管理总局,国家标准化管理委员会. 固体绝缘材料　介电和电阻特性　第 6 部分：介电特性(AC 方法)　相对介电常数和介质损耗因数(频率 0.1 Hz～10 MHz)：GB/T 31838.6—2021[S].

[2] Yao C, Chen S, Chang Z, et al. Atmospheric pressure dielectric barrier discharge involving ion-induced secondary electron emission controlled by dielectric surface charges[J]. Journal of Physics D: Applied Physics, 2019, 52(45): 455202.

[3] Gangwar R, Levasseur O, Naude N, et al. Determination of the electron temperature in plane-to-plane He dielectric barrier discharges at atmospheric pressure[J]. Plasma Sources Science and Technology, 2016, 25(1): 015011.

[4] Kim H, Tsunoda K, Katsura S, et al. A novel plasma reactor for nox control using photocatalyst and hydrogen peroxide injection[J]. IEEE Transactions on Industry Applications, 1999, 35(6): 1306-1310.

[5] Zhang S, Wang W, Jiang P, et al. Comparison of atmospheric air plasmas excited by high-voltage nanosecond pulsed discharge and sinusoidal alternating current discharge[J]. Journal of Applied Physics, 2013, 114(16): 163301.

[6] Yang D, Wang W, Li S, et al. A diffusive air plasma in bi-directional nanosecond pulsed dielectric barrier discharge[J]. Journal of Physics D: Applied Physics, 2010, 43(45): 455202.

[7] Nie D, Wang W, Yang D, et al. Optical study of diffuse Bi-directional nanosecond pulsed dielectric barrier discharge in nitrogen[J]. Spectrochimica Acta Part A: Molecular and Biomolecular Spectroscopy, 2011, 79(5): 1896-1903.

[8] Zhang S, Wang W, Yang D, et al. Atmospheric-pressure diffuse dielectric-barrier-discharge plasma generated by bipolar nanosecond pulse in nitrogen and air[J]. IEEE Transactions on Plasma Science, 2012, 40(9): 2191-2197.

[9] Zhang S, Wang W, Jia L, et al. Rotational, vibrational, and excitation temperatures in bipolar nanosecond-pulsed diffuse dielectric-barrier-discharge plasma at atmospheric pressure[J]. IEEE Transactions on Plasma Science, 2013, 41(2): 350-354.

[10] Wan M, Liu F, Fang Z, et al. Influence of gas flow and applied voltage on interaction of jets in a cross-field helium plasma jet array[J]. Physics of Plasmas, 2017, 24(9): 093514.

[11] Liu W, Zhang W, Tian J, et al. Study on generation characteristics of plasma jets of multi-electrode in a pulse vacuum discharge[J]. Plasma Sources Science and Technology, 2020, 29(11): 115011.

[12] Brandt S, Schuetz A, Klute F D, et al. Dielectric barrier discharges applied for optical spectrometry[J]. Spectrochimica Acta Part B: Atomic Spectroscopy, 2016, 123: 6-32.

[13] 周杨, 姜慧, 章程, 等. 纳秒和微秒脉冲激励表面介质阻挡放电特性对比[J]. 高电压技术, 2014, 40(10): 3091-3097.

[14] Wang T, Sun B, Xiao H, et al. Effect of reactor structure in DBD for nonthermal plasma processing of NO in N_2 at ambient temperature[J]. Plasma Chemistry and Plasma Processing, 2012, 32(6): 1189-1201.

[15] 罗海云, 冉俊霞, 王新新. 大气压不同惰性气体介质阻挡放电特性的比较[J]. 高电压技术, 2012, 38(5): 1070-1077.

[16] Klages C P. A chemical-kinetic model of DBDs in Ar-H_2O mixtures[J]. Plasma Processes and Polymers, 2020, 17(8): e2000028.

[17] Liu D, Sun B, Iza F, et al. Main species and chemical pathways in cold atmospheric-pressure Ar + H_2O plasmas[J]. Plasma Sources Science and Technology, 2017, 26(4): 045009.

[18] Pan J, Tan Z, Liu Y, et al. Effects of oxygen concentration on atmospheric-pressure pulsed dielectric barrier discharges in argon/oxygen mixture[J]. Physics of Plasmas, 2015, 22(9): 093515.

[19] 章程, 方志, 胡建杭, 等. 不同条件下介质阻挡放电的仿真与实验研究[J]. 中国电机工程学报, 2008, 28(34): 33-39.

[20] 邵建设, 严萍, 袁伟群. 基于 PAM 控制的 DBD 等离子体反应器的负载特性[J]. 高压电器, 2008, 44(6): 516-520, 523.

[21] 邵涛, 章程, 王瑞雪, 等. 大气压脉冲气体放电与等离子体应用[J]. 高电压技术, 2016, 42(3): 685-705.

[22] Shao T, Zhang D, Yu Y, et al. A compact repetitive unipolar nanosecond-pulse generator for dielectric barrier discharge application[J]. IEEE Transactions on Plasma Science, 2010, 38(7): 1651-1655.

[23] Zhang C, Zhou Y, Shao T, et al. Hydrophobic treatment on polymethylmethacrylate surface by nanosecond-pulse DBDs in CF_4 at atmospheric pressure[J]. Applied Surface Science, 2014, 311: 468-477.

[24] Bogaczyk M, Tschiersch R, Nemschokmichal S, et al. Spatio-temporal characterization of the multiple current pulse regime of diffuse barrier discharges in helium with nitrogen admixtures[J]. Journal of Physics D: Applied Physics, 2017, 50(41): 415202.

[25] 方志, 解向前, 邱毓昌. 大气压空气中均匀介质阻挡放电的产生及放电特性[J]. 中国电机工程学报, 2010, 30(28): 126-132.

[26] Liu S, Neiger M. Electrical modelling of homogeneous dielectric barrier discharges under an arbitrary excitation voltage[J]. Journal of Physics D: Applied Physics, 2003, 36(24): 3144-3150.

[27] Valdivia-barrientos R, Pacheco-sotelo J, Pacheco-pacheco M, et al. Analysis and electrical modelling of a cylindrical DBD configuration at different operating frequencies[J]. Plasma Sources Science and Technology, 2006, 15(2): 237-245.

[28] 章程, 方志, 胡建杭, 等. 介质阻挡放电电气参数与反应器参数的测量[J]. 绝缘材料, 2007, 40(4): 53-55, 59.

[29] 张芝涛, 鲜于泽, 白敏冬, 等. 电荷电压法测量 DBD 等离子体的放电参量[J]. 物理, 2003,

32(7): 458-463.

[30] 周建刚, 严立, 杨虹, 等. 介质阻挡放电中的位移电流[J]. 大连海事大学学报, 2003, 29(2): 104-106.

[31] 吴晓东, 周建刚, 张芝涛, 等. 介质阻挡放电过程中相关参量的变化[J]. 大连海事大学学报, 2004, 30(2): 68-71.

[32] 王辉, 方志, 邱毓昌, 等. 介质阻挡放电等效电容变化规律的研究[J]. 绝缘材料, 2005, (1): 37-40.

[33] 于洋, 邵涛, 章程, 等. 单极性纳秒脉冲介质阻挡放电电荷传输特性实验分析[J]. 高电压技术, 2011, 37(6): 1555-1562.

[34] Yang D, Yang Y, Li S, et al. A homogeneous dielectric barrier discharge plasma excited by a bipolar nanosecond pulse in nitrogen and air[J]. Plasma Sources Science and Technology, 2012, 21(3): 035004.

[35] Shao T, Zhang C, Yu Y, et al. Temporal evolution of nanosecond-pulse dielectric barrier discharges in open air[J]. Europhysics Letters, 2012, 97(5): 55005.

[36] 王森. 大气压纳秒脉冲气-液放电等离子体光谱特性及应用研究[D]. 大连: 大连理工大学, 2017.

[37] Pan J, Tan Z Y, Wang X L, et al. Effects of pulse parameters on the atmospheric-pressure dielectric barrier discharges driven by the high-voltage pulses in ar and N_2[J]. Plasma Sources Science and Technology, 2014, 23(6): 065019.

[38] Laux C, Spence T, Kruger C, et al. Optical diagnostics of atmospheric pressure air plasmas[J]. Plasma Sources Science and Technology, 2003, 12(2): 125-138.

第 3 章　大气压介质阻挡放电模式

在不同电极结构、驱动电源和运行参数条件下，大气压 DBD 的电学特性、发光特性、等离子体特性等呈现不同形貌和特征，通常在大气压下，DBD 表现为丝状模式(filamentary mode)，在电流波形上一般呈现大量电流脉冲，在放电空间中出现明亮细丝通道，粒子分布不均匀。通过调节 DBD 运行条件，大气压 DBD 也可以实现均匀模式(homogeneous mode)，其在电流波形上一般只出现单个或有限几个电流脉冲，在放电空间表现为无细丝的均匀发光状态，粒子在空间均匀分布。在特定情况下，放电细丝可以在电极表面自组织形成稳定的有规律的时空斑图结构，即所谓斑图模式(pattern mode)。本章介绍大气压 DBD 模式和特性，基于电流波形、发光形貌和粒子分布的放电模式判断方法，以及在不同气体、驱动电源、电极结构运行参数等条件下 DBD 模式的转换规律，并探讨不同 DBD 模式形成机制。

3.0　引　　言

DBD 已经有 100 多年历史，关于其模式研究，最早是在 20 世纪初，Buss 利用长曝光时间放电图像和电流电压波形测量研究平行平板大气压空气 DBD 特性时发现，DBD 是由大量发光细丝组成，而电流波形上的间隙脉冲电流对应了放电通道[1]。随着 DBD 应用领域的拓展，对 DBD 均匀性提出了更高要求。1987 年日本 Okazaki 等利用含氦气的混合气体进行了大气压下 DBD 实验，结合发光特性判别其处于均匀模式[2]，并提出基于放电电流脉冲个数及 Lissajous 图形区分均匀模式和丝状模式的方法。法国的 Massines 和美国的 Roth 等在大气压均匀 DBD 实验上取得的突破性进展[3,4]，使均匀 DBD 成为低温等离子体的研究热点。研究者还发现放电通道可由多个几何规则排列的放电柱构成，柱状放电也称为自组织放电斑图[5,6]。当人们在研究大气压 DBD 的各种模式的形成和演变时发现，在一定条件下，一种放电模式可能演变成另一种放电模式，如柱状放电的柱半径随气隙或电场增大而增大，最终可融合成均匀放电，放电细丝的数目随电压频率升高而增加，放电细丝融合形成均匀放电[7,8]。

　　DBD 模式取决于放电运行条件和放电空间中电场、粒子等作用过程。在大气压下，电子在外加电场的作用下与气体分子频繁碰撞，由于离子和电子在漂移速度上的巨大差别，空间电荷所产生的电场造成原电场的分布严重畸变，加速电子崩过程，使得气体发生流注击穿，形成大量相互独立的放电细丝[9-11]。在 DBD 丝状模式中，电流波形上可以观测到大量短时的电流脉冲群，在放电区域中出现由阴极向阳极发展的多个明亮导电细丝通道，细丝通道中电子密度和电子能量较高，功率密度大。在大气压下，通过限制电子崩的增长和降低空间电场畸变，大气压 DBD 也可以表现为均匀模式。在电流波形上出现的电流脉冲个数为一个或若干个，在放电区域中可观测到电子崩耦合形成的均匀放电，具有时间和空间上的同步性，放电均匀地覆盖整个电极表面。在某些条件下由于 DBD 的多场耦合效应，放电细丝在空间或时间上呈某种规律性的非均匀宏观结构，形成斑图模式。斑图的放电细丝也是气体流注击穿引起的，其电流电压波形与丝状放电并无明显不同。DBD 三种模式放电图像和电流电压波形图如图 3.1～图 3.3 所示。

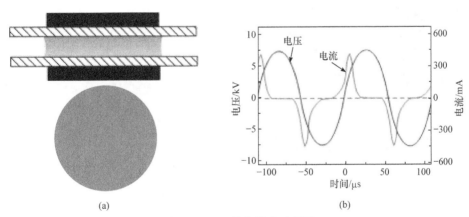

(a)　　　　　　　　(b)

图 3.1　DBD 均匀模式示意图

(a) 侧面和底面放电图像；(b) 电压电流波形

　　由以上可知，大气压 DBD 存在丝状、均匀和斑图三种模式，不同模式具有明显不同的放电特性。不同 DBD 放电模式间在一定条件下也可以互相转换，施加电压幅值、频率、气隙距离、阻挡介质厚度、电极结构、驱动电源、气体种类及流量等因素均对大气压 DBD 的模式、特性和模式转换有很大影响。

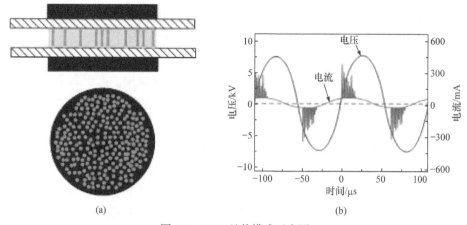

图 3.2　DBD 丝状模式示意图

(a) 侧面和底面放电图像；(b) 电压电流波形

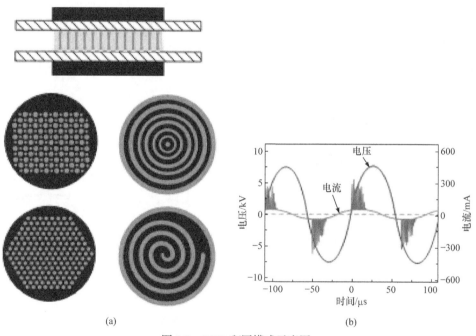

图 3.3　DBD 斑图模式示意图

(a) 侧面和底面放电图像；(b) 电压电流波形

3.1　介质阻挡放电模式判断方法及特性

不同放电运行条件下，大气压 DBD 可以分为丝状模式、均匀模式和斑图模式。三种模式在电流波形、发光形貌和粒子分布等方面的表现不同。因此，根据大气压 DBD 不同的电学特性、发光特性、等离子体特性等方法能够判别 DBD 的模式。

3.1.1 不同模式电学判断方法及特性

DBD 丝状模式中由于放电空间充满随机分布的暂态流注细丝,在电流波形上会观察到许多微小的放电电流脉冲,时间非常短(<10 ns),而 DBD 处于均匀模式时,电流波形上只出现单个或有限几个电流脉冲[1,12]。图 3.4 为高频交流氦气均匀 DBD 和氩气丝状 DBD 的电压电流波形(双介质阻挡平行板电极结构,2 mm 电极间距)。从图 3.4(a)中可以看出,高频交流氦气 DBD 均匀模式中电流表现为单脉冲形式,分别出现在所加正弦电压的正负半周,由于电极结构对称,放电电流脉冲也基本对称,其出现与外加电压有相同的周期性。图 3.4(b)的高频交流氩气 DBD 丝状模式的电流波形中每半个周期所出现的多个电流脉冲,其代表空间中放电过程不同步,产生了多个放电通道。近年来,人们发现电流波形在外加电压每半个周期内出现几个持续时间较长的脉冲也可能是均匀放电,因为在出现的几个电流脉冲中,对于每一个脉冲,都是一次均匀的击穿过程,所以从整体上放电表现为均匀模式。尽管可以利用电压电流波形判断 DBD 模式,但也有一定的局限性,例如,对不均匀的气隙间距,在放电的初始阶段只在某一点发生单次击穿,此时的电流波形也仅出现一个电流脉冲,但并不能认为这是均匀放电[13]。利用电压电流波形判断均匀性的方法往往只适用于高频交流驱动 DBD。在利用脉冲电源驱动 DBD 时,由于放电时间较短,通常电流只为单电流脉冲形式,无法判断放电模式,上述电学判断方法并不适用。

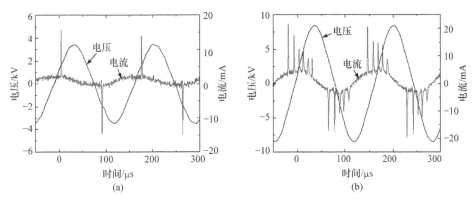

图 3.4 高频交流氦气均匀 DBD 和氩气丝状 DBD 的电压电流波形

(a) 氦气均匀 DBD; (b) 氩气丝状 DBD

3.1.2 不同模式放电图像判断方法及特性

放电图像可以直观反映放电的均匀程度,是应用较多的 DBD 模式判断方法。

丝状模式 DBD 图像呈现为多放电细丝形式，而均匀模式 DBD 图像则呈现为均匀、弥散的形式，没有细丝出现。

　　早期研究大多只通过放电图像对放电均匀性进行定性描述与分析比较，缺少明确的标准，导致对放电均匀性变化的描述分析不够科学严谨。本节介绍一种图像分析的方法，对平板 DBD 图像进行处理和灰度分析，对放电均匀性进行了量化，从而判断 DBD 模式[14,15]。首先通过数码相机拍摄，得到放电图像，如图 3.5(a)所示；再对拍摄图像中的有效区域进行提取，留下均匀性判定的有效区域；将提取后的有效区域进行灰度化后得到图 3.5(b)中所示的 300×50 像素的灰度图。

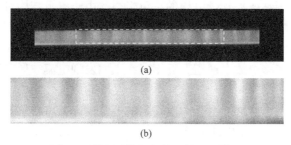

图 3.5　放电图像的有效区域处理效果
(a) 原放电图像；(b) 提取处理后灰度图

　　为了去除提取图像区域的黑边和局部亮点，每组取灰度值的平均数作为每组的灰度参考值 x_n。利用公式(3-1)对 300 个参考值进行标准化处理，其中 m 为平均值，ν 是方差。

$$x'_n = \frac{x_n - m}{\nu} \tag{3-1}$$

图 3.6 中的标准化参考值为图 3.5 中放电图像有效区域灰度参考值归一化处

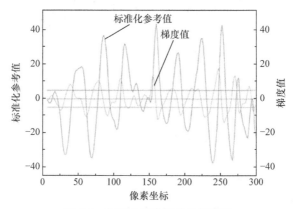

图 3.6　灰度处理参考值计算结果

理后的结果，将 0～255 分布的灰度参考值转化成围绕 0 高斯分布的标准化参考值，减少数据离散程度。

利用梯度公式(3-2)对标准化后相邻组的参考值取梯度，梯度值如图 3.6 所示，反映了相邻组中发光强度的变化率，梯度值越大放电空间中放电强度差异越大，放电均匀性越差。

$$\nabla f(x) = \frac{\partial f}{\partial x} i \tag{3-2}$$

最后利用标准差公式(3-3)将求取的梯度值的标准差 σ 作为返回值来表征灰度偏差值，其中 N 为 300，x_n 为每个坐标下的梯度值。

$$\sigma = \sqrt{\sum \frac{(x_n - m)^2}{N}} \tag{3-3}$$

利用图像灰度分析标准差方法，计算得到标准差 σ 值，根据其大小可以定量判断放电均匀性，从而判断 DBD 模式。当标准差 σ 值小于 1 时，放电图像均匀性较好，可以作为 DBD 处于均匀模式的判据，而标准差 σ 值大于 1 时，放电图像中出现肉眼可分辨的放电细丝，可以认为此时 DBD 处于丝状模式。

图 3.7 为不同电压下氩气放电图像及灰度处理结果。图 3.7(a)中，电压为 3.5 kV 时，放电图像中可以看到放电细丝，电压为 4.25 kV 时，放电图像中未

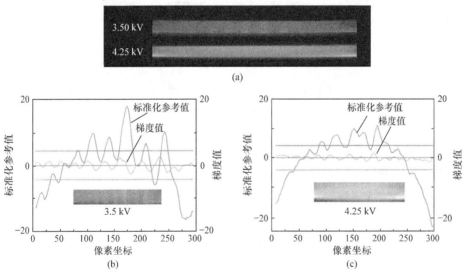

(a)

(b)　　　　　　　　　　　　　　　(c)

图 3.7　不同电压下氩气放电图像及灰度处理结果(重复频率 5 kHz，上升沿和下降沿时间 50 ns，脉冲宽度 1000 ns，相机曝光时间 1/8 s)

(a) 不同电压下氩气放电图像；(b) 3.5 kV 下氩气放电图像及灰度处理结果；
(c) 4.25 kV 下氩气放电图像及灰度处理结果

观测到放电细丝，放电处于均匀模式。图 3.7(b)所示为电压 3.5 kV 时 DBD 图像灰度分析后处理结果，$\sigma = 5.78$，数值较大，可以判断此时 DBD 处于丝状模式。图 3.7(c)所示为电压 4.25 kV 时 DBD 图像灰度分析后处理结果，$\sigma = 0.39$，放电图像中未观测到明亮放电细丝，DBD 处于均匀模式。结果表明，放电图像灰度偏差值的变化可以表现 DBD 均匀性和模式变化规律。

数码相机的曝光时间通常为毫秒量级，而 DBD 过程是纳秒量级。在高重复频率放电条件下，数码相机拍摄的放电图像是在曝光时间内多次放电过程的累加结果，这就导致数码相机拍摄的放电图像均匀性与曝光时间等参数相关，是在一定的时间尺度内均匀。图 3.8 所示为纳秒脉冲电压幅值为 3.5 kV、频率为 10 kHz 时，利用数码相机拍摄的不同曝光时间下(1～100 ms)高频交流氩气 DBD 图像。在曝光时间较长时(100 ms)，放电呈现均匀模式。当减小曝光时间时，放电图像中出现了大量的细丝通道，DBD 呈现丝状模式。因此，需要更精密的诊断技术，在更短时间内曝光，获得 DBD 发光分布，从而判断 DBD 模式。

图 3.8　数码相机拍摄的不同曝光时间下高频交流氩气 DBD 图像(电压幅值 3.5 kV，重复频率 10 kHz，上升沿和下降沿时间 50 ns，脉冲宽度 1000 ns)

ICCD 也可用来判断 DBD 模式。图 3.9 为不同气隙距离下(1 mm、3 mm 和 4 mm)，利用 ICCD 拍摄的纳秒脉冲空气 DBD 图像，拍摄时刻在放电电流上升沿处。从图 3.9 可以看出，在 1 mm 间隙条件下，放电区域内光强均匀分布，可以验证在此条件下的 DBD 为均匀模式。其他条件不变，增加气隙至 3 mm 时，拍摄到的放电图像仍然具有较好的均匀性，虽然光强分布不均匀，但是没有出现明显的放电细丝。当增加间隙至 4 mm 时，可以从放电图像看到明亮相间的放电通道，DBD 转变为丝状模式[16]。

3.1.3　不同模式粒子分布判断方法及特性

不同模式 DBD 粒子的密度分布、产生和猝灭过程存在明显差异，可以利用发射光谱测量激发态粒子的时空分布，从而表征不同模式 DBD 的粒子分布特征，进而判断 DBD 模式[17]。首先搭建可移动发射光谱测量平台，采集放电空间中不同位置的发射光谱，通过比较不同空间位置不同粒子的谱线强度，来判断 DBD 属于丝状模式还是均匀模式，测量系统如图 3.10 所示。

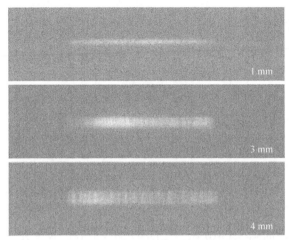

1 mm

3 mm

4 mm

图 3.9　不同气隙距离下 ICCD 拍摄的放电图像(电压幅值 25 kV，
频率 1000 Hz，ICCD 曝光时间为 2 ns)

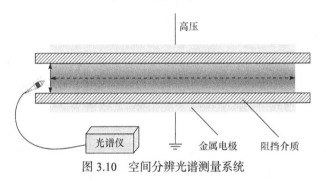

高压

光谱仪

金属电极　阻挡介质

图 3.10　空间分辨光谱测量系统

图 3.11 为水平方向上测量得到的高频交流丝状模式氩气 DBD 和高频交流均匀模式氦气 DBD 发射光谱，以及代表性谱线分布。从图 3.11(c)可以看出，氩气 DBD 激发态粒子发射光谱强度空间分布不均匀，表明 DBD 中粒子分布不均匀，

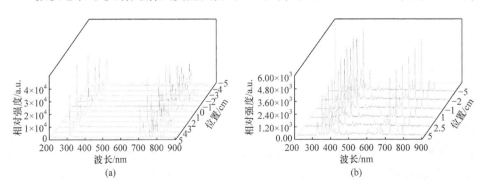

(a)　　　　　　　　　　　　　　　(b)

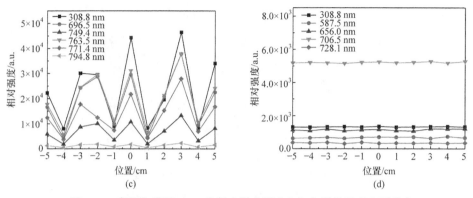

图 3.11　高频交流下 DBD 发射光谱水平分布与各谱线强度水平分布
(a) 丝状模式氩气 DBD 发射光谱; (b) 均匀模式氦气 DBD 发射光谱;
(c) 丝状模式氩气 DBD 谱线强度; (d) 均匀模式氦气 DBD 谱线强度

其处于丝状模式; 而图 3.11(d)中氦气 DBD 激发态粒子发射光谱强度空间分布均匀, 表明 DBD 中粒子分布均匀, 放电处于均匀模式。

利用发射光谱法可以得到 DBD 中粒子在空间的二维分布, 从而判断放电均匀性。然而测量得到的发射光谱是时间积分和放电空间累积的结果, 难以反映等离子体中活性粒子实时和三维变化, 可以通过模拟仿真方法结合粒子生成猝灭过程, 更准确得到粒子时空分布信息, 从而判断 DBD 模式。

3.2　介质阻挡放电模式转换规律

气体种类、介质材料、驱动电源、气隙距离、电极结构等 DBD 影响因素改变时, 放电空间中的物理化学反应过程、空间电场分布、带电粒子分布等均会随之改变, DBD 模式也会在丝状和均匀模式之间转换[18-20]。

3.2.1　气体种类对介质阻挡放电的影响

在大气压下, DBD 中电子与气体分子频繁碰撞, 由于不同工作气体的碰撞电离系数不同, 其引发电子崩过程需要的场强及其产生的空间电荷对空间电场影响也有很大不同。对氦气和氩气等单原子惰性气体来说, 它们在大气压下的击穿场强很低, 采用 DBD 的电极结构, 很容易在低电场下产生电子, 在大气压下产生均匀模式相对较为容易。氦气、氩气、氖气等惰性气体在电离时, 产生大量的亚稳态原子。这些出现在放电空间的亚稳态原子会和阻挡介质表面相互作用释放出大量的电子, 因此在交流电源作用下, 当放电空间积累到足够多的亚稳态原子和电子时, 就会降低下半个周期气隙内的击穿场强。在大气压下, 空气的平均击穿场强约为 30 kV/cm, 远高于氦气(约为 2.7 kV/cm)。由数值模拟结果可知,大气压空气中 DBD 的电子崩发展速度非常快，2 mm 空气间隙中电子崩发展到流注只需 11 ns，因此抑制电子崩发展困难，用 DBD 结构产生均匀模式相对来说较为困难[21]。

利用密闭容器研究不同气体种类对 DBD 模式影响，在容器侧面设置观察窗，放电图像通过放置在观察窗附近并与放电气隙平行的数码相机拍摄得到。图 3.12 所示的高频交流电源驱动的空气 DBD 图像实际呈紫色，放电空间出现大量肉眼可分辨的明亮、跳动的电流细丝，表现为放电在时间上和空间上随机分布的大量高能量密度的放电细丝组成，为丝状模式。从图中的电压电流波形可以看出，在外加电压的每半个周期内 DBD 的电流波形都出现大量电流脉冲，表明放电为丝状模式[22]。

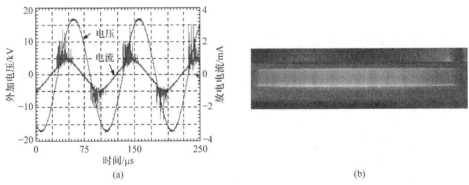

(a)   (b)

图 3.12 大气压交流空气 DBD 的电压电流波形和放电图像
(a) 电压电流波形；(b) 放电图像

当反应器中充入惰性工作气体，如氦气、氩气、氖气等时，交流驱动 DBD 会表现出放电模式具有不同的电学及光学特征[23]。图 3.13 给出了外加电压幅值为

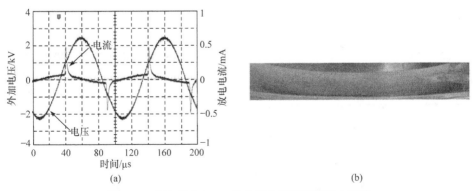

(a)   (b)

图 3.13 氦气均匀 DBD 的电压电流波形和放电图像
(a) 电压电流波形；(b) 放电图像

2.5 kV，放电频率为 10 kHz 时测得的氦气均匀 DBD 的电压电流波形以及对应的放电图像。从图中可以看出，电压每半个周期内，氦气均匀 DBD 有一个电流脉冲，脉冲幅值为 0.5 mA，持续时间 6 μs。由氦气均匀 DBD 图像可以看出，其 DBD 为均匀模式，发光实际呈淡紫色。

图 3.14 为外加电压幅值为 2.5 kV 时测得的氖气均匀 DBD 的电压电流波形及对应的放电图像。从图中可以看出，电压每半个周期内，氖气均匀 DBD 有两个电流脉冲，脉冲幅值为 0.24 mA，第一个电流脉冲持续时间 8 μs。由放电图像可知，氖气 DBD 为均匀模式，发光实际呈橘红色。氖气均匀 DBD 的电流脉冲幅值较小，电流脉冲的持续时间比相同条件下氦气均匀 DBD 的短，且可以形成多电流脉冲放电。

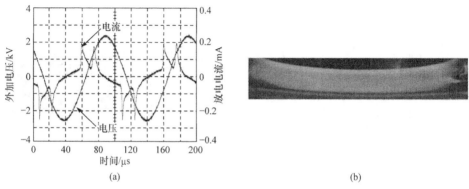

(a) 　　　　　　　　　　　　　(b)

图 3.14　氖气均匀 DBD 的电压电流波形和放电图像

(a) 电压电流波形；(b) 放电图像

在大气压下，氩气中不容易产生均匀 DBD，其放电模式一般为丝状模式。图 3.15

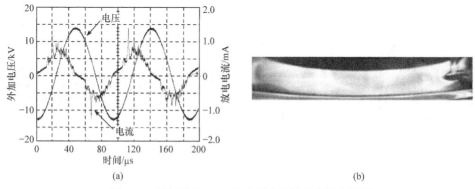

(a) 　　　　　　　　　　　　　(b)

图 3.15　氩气丝状 DBD 的电压电流波形和放电图像

(a) 电压电流波形；(b) 放电图像

为外加电压幅值为 14 kV 时氩气丝状 DBD 的电压电流波形以及对应的放电图像。从图中可以看出,氩气丝状 DBD 出现很多分布密集的电流脉冲,脉冲幅值为 1.5 mA,电流幅值比氖气丝状 DBD 大;氩气中 DBD 发光实际呈现白色,可以看出放电空间存在明显的细丝。

相比高频交流电源驱动下纳秒脉冲电源驱动 DBD 时,在不同气体中均可以在相应的电源条件范围获得丝状模式和均匀模式。固定电极间气隙距离为 2 mm,图 3.16 给出了纳秒脉冲氩气 DBD 在 3.10~5.00 kV 时的放电图像。可以观察到,在 3.10 kV 时,DBD 为丝状模式,放电很弱,细丝暗淡。当电压升高到 3.20 kV 和 3.25 kV 时,放电增强,观察到的细丝数量随着外加电压的增加而减少。当外加电压进一步增加时,很难从放电图像中区分细丝。当电压在 3.75~4.50 kV 时,DBD 转换为均匀模式。当外加电压进一步增加时,出现了明亮的细丝,放电均匀性变差。图 3.17 给出了图 3.16 相应的灰度偏差值。

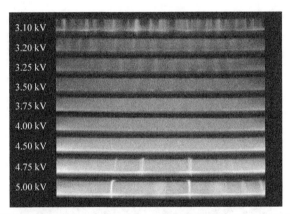

图 3.16 纳秒脉冲电源不同电压氩气 DBD 图像(重复频率 5 kHz,上升沿和下降沿时间 50 ns,脉冲宽度 1000 ns,曝光时间 1/8 s)

重复频率表示单位时间内的脉冲电压数量,对放电均匀性有显著的影响。图 3.18 给出了纳秒脉冲氩气 DBD,重复频率 500~10000 Hz 时的放电图像。可以观察到,在 500 Hz 时,放电较弱,处于均匀模式。随着频率增加,空间残存电荷增多,引起电场畸变,放电空间中出现肉眼可见细丝,均匀性减弱。当频率增大到 6000 Hz 以上时,出现明亮放电细丝,DBD 处于典型的丝状模式。

改变工作气体,向密闭反应器中通入氮气,调整电极间气隙距离为 1.5 mm,图 3.19 给出了不同外加电压下纳秒脉冲氮气 DBD 图像。相比于纳秒脉冲氩气 DBD 呈现出的白色放电细丝,纳秒脉冲氮气 DBD 的发光图像为紫色,并且放电的电压范围高于氩气 DBD。类似地,随着电压幅值的增加,氮气 DBD 也发生了由不均匀到均匀再到不均匀的变化。其中，在 7～8 kV 的电压幅值下，放电未充满整个放电空间且存在大量的放电细丝，放电强度弱。当电压从 9 kV 增加至 11 kV 时，无肉眼可见细丝，均匀性较好，放电强度逐渐增强。进一步增加电压幅值至 15 kV，放电间隙中逐渐产生明亮的流注放电通道，放电均匀性下降。图 3.20 是图 3.19 相应的灰度偏差值，从图中可以看出，随着电压幅值的增加，灰度偏差值呈现先下降再上升的趋势，其中，在电压幅值为 9～11 kV 时，灰度偏差值小于 1，认为放电为均匀模式。

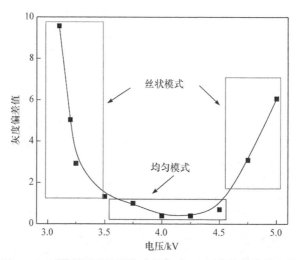

图 3.17　不同电压下纳秒脉冲氩气 DBD 图像的灰度偏差值

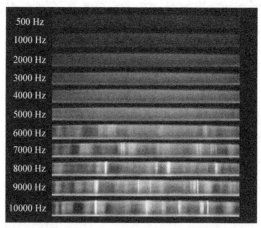

图 3.18　不同重复频率下氩气 DBD 图像(电压幅值 4 kV，脉冲宽度
1000 ns，上升沿和下降沿时间 50 ns，曝光时间 1/8 s)

图 3.19　不同外加电压下纳秒脉冲氮气 DBD 图像(重复频率 500 Hz,
上升沿和下降沿时间 50 ns, 脉冲宽度 1000 ns, 曝光时间 1/100 s)

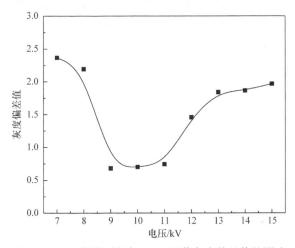

图 3.20　电压幅值对氮气 DBD 图像灰度偏差值的影响

利用数码相机拍摄了重复频率在 100~1900 Hz 纳秒脉冲氮气 DBD 图像, 如图 3.21 所示。可以看出, 当重复频率小于 300 Hz 时, 放电强度弱, 状态不稳定且间隙含有大量的微弱放电细丝, 呈现不均匀状态。随着重复频率从 300 Hz 增加至 900 Hz, 放电发光强度逐渐增强, 相邻放电耦合作用使得放电呈现均匀状态。当重复频率大于 900 Hz 时, 由于放电只沿着前一次放电的导电通道发生, 放电间隙出现明亮的流注通道, 放电呈现不均匀状态。

DBD 中气体电离产生的电子和正离子在外加电场的作用下分别向阳极和阴极移动, 由于电子质量远小于正离子质量, 且气体间隙一般为毫米量级, 可以认为正离子在放电空间是不动的, 在放电空间中主要传输的是电子。由于阻挡介质的加入, 积聚在介质表面的电子与在放电空间的正电荷共同产生了一个与外加电场方向相反的附加电场,随着介质上积聚电荷的增加,附加电场的作用也在增强,这样在外加电场与附加电场的相互作用下气隙中总的电场强度就会下降,当气隙内场强下降到小于气体的击穿场强时放电熄灭[24]。

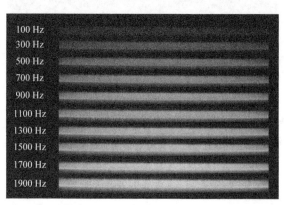

图 3.21   不同重复频率下纳秒脉冲氮气 DBD 图像(电压幅值 10 kV,脉冲宽度
为 1000 ns,上升沿和下降沿时间 50 ns,曝光时间 1/100 s)

在大气压下空气的击穿场强高(约为 30 kV/cm),其电子崩发展速度快,易发展成流注通道,因此,在空气中难以产生均匀 DBD。惰性气体是具有亚稳态能级的气体,在每半周期放电结束后产生的亚稳态粒子寿命较长,可以在下一次放电之前通过彭宁电离提供一定数量种子电子,降低击穿场强,使得电子崩在发展过程中更容易合并而不至于发展成流注通道,形成径向均匀分布的电场从而形成均匀放电[25]。然而并不是所有的惰性气体中的放电都为均匀模式,在大气压条件下,相比于氦气,氩气的击穿场强较高,虽然彭宁电离增加了空间内的种子电子密度,在一定程度上降低了放电空间的击穿场强,但是较高强度的外加电场使得电子崩在发展过程中快速地向阳极移动,形成导电通道造成气体击穿,最终形成微放电,产生丝状放电。随着外加电压幅值的不断增大,均匀放电也并不是一直保持稳定,外加电场强度逐渐增大使得气体电离程度增大,电子与中性粒子的频繁碰撞导致放电产生的热量增多,导致放电不稳定,最终形成微放电通道从而过渡到丝状放电。

3.2.2   活性成分添加对介质阻挡放电的影响

实际研究中,研究者根据需求在工作气体中添加少量反应性气体(如 NH_3、CF_4、O_2、H_2O 等),在等离子体中产生 NH、F、O、OH、O_3 等活性粒子,进一步增加等离子体化学反应活性。然而,活性成分添加还会影响 DBD 空间的电荷分布和电子能量分布,造成空间电场畸变,从而影响放电模式[14]。

图 3.22 为不同水蒸气体积分数下纳秒脉冲氩气 DBD 图像。由图可见，未添加水蒸气时纳秒脉冲氩气 DBD 均匀性良好，当少量添加水蒸气时(体积分数至0.2%)，纳秒脉冲氩气 DBD 均匀性未受明显影响。当水蒸气体积分数进一步增加，放电均匀性明显变差，放电空间出现明亮细丝，当水蒸气体积分数增加至 1%时，放电开始处于丝状模式[14]。

图 3.22　不同水蒸气体积分数下纳秒脉冲氩气 DBD 图像(电压幅值 4 kV，
重复频率 4 kHz，曝光时间为 1/6 s)

为了更准确地分析放电模式变化，采用灰度偏差方法对放电均匀性进行定量分析，如图 3.23 所示。由图 3.22 和图 3.23 可见，在水蒸气体积分数较低时，放电均匀性较好，灰度偏差值小于 1，DBD 处于均匀模式。随着水蒸气体积分数的增加，放电均匀性变差，此时灰度偏差值也开始变大。在水蒸气体积分数为 0.6%~0.7%时，灰度偏差值有明显峰值，这是因为在较低的水蒸气体积分数下(0%~0.2%)，亚稳态 Ar 的彭宁电离占主导作用，水吸附电子为次要因素。该阶段产生大量电子，并引发了电子崩，其相互融合，维持了放电均匀性。当添加较多水蒸气时，其电负性占主导作用，吸附电子形成的 H_2O^- 在空间中引起电场畸变，形成明亮流注通道，灰度偏差值明显上升。而进一步添加水蒸气时(0.8%~0.9%)，由于水的电负性和氩气的亚稳态粒子大量猝灭的共同影响，导致空间自由电子数量也进一步减弱，丝状放电通道亮度减弱，灰度偏差值反而有所下降。当添加过量水蒸气时(1%)，均匀性进一步降低，灰度偏差值升高[14]。

图 3.24 所示为水蒸气体积分数 0%~2%的纳秒脉冲氦气 DBD 图像。可以看出，水蒸气添加并未对纳秒脉冲氦气 DBD 模式有显著影响，放电在此水蒸气添加范围内稳定并呈现均匀模式。但放电的发光强度和颜色随着水蒸气含量的增加

而发生变化，未添加水蒸气时，纳秒脉冲氦气DBD呈粉紫色。当水蒸气体积分数增加时，DBD发光颜色转变为粉红色。进一步增加水蒸气体积分数时，放电发光颜色逐渐变浅。

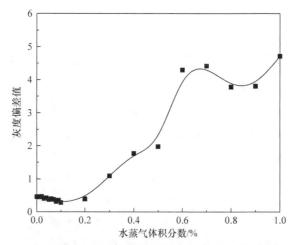

图 3.23　纳秒脉冲激励下水蒸气添加对 DBD 灰度偏差值的影响

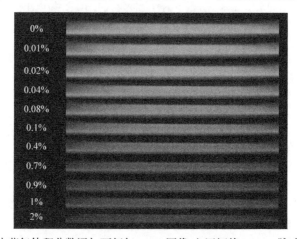

图 3.24　不同水蒸气体积分数添加下氦气 DBD 图像(电压幅值 3 kV，脉冲宽度 1000 ns，脉冲重复频率 5 kHz，上升沿和下降沿时间 50 ns)

图 3.25 给出了不同水蒸气体积分数下氦气 DBD 图像灰度偏差值的变化趋势。由图可见，在水蒸气体积分数为 0%～2%时灰度偏差值均小于 1，DBD 均处于均匀模式。其中，当水蒸气体积分数从 0%增加至 0.04%时放电均匀性得到提升，灰度偏差值逐渐减小。随着水蒸气体积分数进一步增加至 2%，放电空间的电子数目减少，均匀性略微下降，灰度偏差值随之上升，但 DBD 仍处于均匀模式。

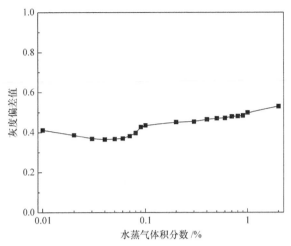

图 3.25　不同水蒸气体积分数下氦气 DBD 图像的灰度偏差值变化

图 3.26 为从平行于电极和阻挡介质的侧面拍摄的不同氧气体积分数下纳秒脉冲氩气 DBD 图像。由图可见，未添加氧气时纳秒脉冲氩气 DBD 均匀性良好，当添加氧气体积分数至 0.1%时，纳秒脉冲氩气 DBD 均匀性未受明显影响。当氧气体积分数进一步增加，放电均匀性明显变差，放电空间出现明亮细丝[15]。由图 3.27 可知，少量添加氧气后，灰度偏差值小于 1，DBD 保持均匀模式，当添加的氧气体积分数超过 0.1%后，灰度偏差值大于 1，DBD 处于丝状模式。

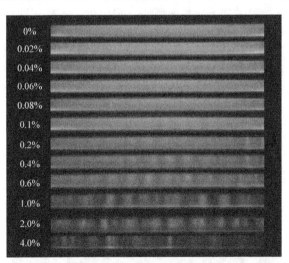

图 3.26　不同氧气体积分数下纳秒脉冲氩气 DBD 图像(电压幅值 4 kV，
重复频率 5 kHz，上升沿和下降沿时间 50 ns，曝光时间 1/8 s)

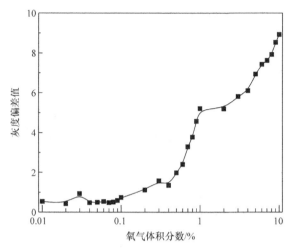

图 3.27　不同氧气体积分数下纳秒脉冲氩气 DBD 图像灰度偏差值

　　图 3.28 为不同氧气体积分数下纳秒脉冲氩气 DBD 图像。从图中可以看出，随着氧气体积分数的增加，放电呈现均匀→不均匀→均匀→不均匀的变化规律。其中，在添加氧气体积分数较低(0%~0.05%)时纳秒脉冲氩气 DBD 状态稳定、均匀性良好。随着氧气体积分数升高(0.06%~0.1%)，放电空间开始出现微弱细丝，均匀性变差。进一步增加氧气体积分数(0.2%~0.9%)，均匀性有所提高。当氧气体积分数超过 1%时，放电空间再次出现微弱细丝，放电强度逐渐减弱，均匀性变差，且在氧气体积分数增加至过量时(5%)，放电处于不稳定状态。继续增加氧气的体积分数，放电熄灭。

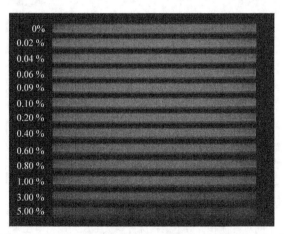

图 3.28　不同氧气体积分数下纳秒脉冲氩气 DBD 图像(电压幅值 10 kV，重复频率 500 Hz，
脉冲宽度 1000 ns，上升沿和下降沿时间 50 ns，曝光时间 1/100 s)

图 3.29 为不同氧气体积分数下氮气 DBD 图像灰度偏差值变化。从图中可以看出，在氧气体积分数较低(0%~0.05%)时，灰度偏差值小于 1，放电均匀性较好。随着氧气体积分数的增加(0.06%~0.1%)，灰度偏差值呈现先增大后减小的趋势，其值均大于 1 且在氧气体积分数为 0.08%时有一峰值，放电均匀性差。继续增加氧气体积分数(0.2%~0.9%)，灰度偏差值反而有所下降(小于 1)，放电均匀性有所提升。进一步增大氧气体积分数至 6%，灰度偏差值显著上升，放电均匀性显著下降。

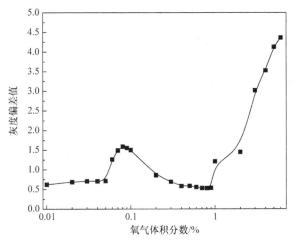

图 3.29　不同氧气体积分数下氮气 DBD 图像灰度偏差值变化

3.2.3　驱动电源对介质阻挡放电的影响

DBD 通常由交流电源驱动，可分为工频电源和几千赫兹到几百千赫兹的高频电源。近年来随着脉冲功率技术的发展，纳秒脉冲电源和微秒脉冲电源越来越多地用于驱动 DBD[26]。高频 DBD 两次放电间隔时间短且放电持续时间长，放电消耗能量要高于工频 DBD，但放电容性电流较大，阻挡介质吸收能量较多，不可避免地会出现阻挡介质发热问题，因此其放电效率较低。特别是在空气中，频率过高时，阻挡介质发热严重，会影响其使用寿命甚至烧毁阻挡介质。相比于工频和高频交流 DBD，脉冲 DBD 由于其放电持续时间短且放电间隔时间相对较长，能量能在极短的时间内注入反应器内，从而能显著提高放电均匀性及放电能量效率，而且还可以避免阻挡介质发热问题[20,27]。

图 3.30 给出了外加电压幅值 8~14 kV 下微秒脉冲和高频交流氩气 DBD 图像。从图中可以看出，采用微秒脉冲电源驱动时，电压幅值在 8~10 kV 变化，放电一直呈现为均匀模式，放电弥散、均匀地覆盖到整个电极表面，整个空间无放电细丝出现。随着电压幅值的增大，发光强度逐渐增大，当电压幅值达到 12 kV 时，放电空间开始出现明亮细丝。采用高频交流电源驱动时，放电均呈现为丝状

模式，随着电压幅值的增大，放电细丝逐渐增多，发光强度逐渐增大。

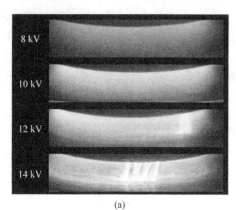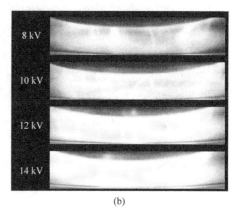

图 3.30　不同电源氩气 DBD 图像

(a) 微秒脉冲；(b) 高频交流

　　纳秒脉冲电源电压上升沿时间更短，纳秒脉冲 DBD 的微放电电流密度可达到 10^6 A/cm^2，电子密度可达到 $10^{14} \sim 10^{15}$ cm^{-3}，均远大于高频交流 DBD 的微放电的数值。另外，纳秒脉冲 DBD 的电子温度可达到 10 eV，高于交流 DBD 电子温度。由于纳秒脉冲下的气体击穿是典型的过电压击穿，在更高的初始电场强度的作用下，瞬间电流和瞬间功率均远大于高频交流 DBD。

　　图 3.31 给出了高频交流和纳秒脉冲氩气 DBD 的电压电流波形及放电图像。从图 3.31(a)和(b)可以看出，在一个周期内，高频交流正向电压的放电过程约为 25 μs，而纳秒脉冲上升沿的放电过程约为 400 ns，放电时间相差较大。纳秒脉冲氩气 DBD 的电流峰值约为 3.1 A，远高于交流 DBD 的毫安量级。从图 3.31(c)中可以看出，高频交流电源的外加电压为 2.4~3.6 kV 时，放电始终为丝状模式。纳秒脉冲氩气 DBD 在较低电压(3.3 kV)时，放电在电极间也为

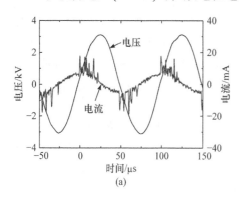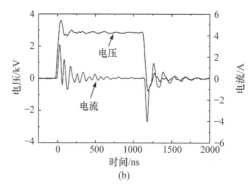

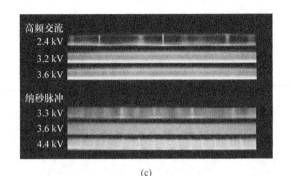

(c)

图 3.31　不同电源氩气 DBD 电压电流波形及其放电图像
(a) 高频交流氩气 DBD 电压电流波形；
(b) 纳秒脉冲氩气 DBD 电压电流波形；(c) 放电图像

孤立的细丝。随着电压峰值增大到 3.6 kV，放电空间没有明显的细丝。相比于高频交流氩气 DBD，纳秒脉冲氩气 DBD 的均匀性和放电强度有了较大提高。

　　脉冲宽度会影响介质板上电荷的积聚和消散过程，进而影响放电均匀性。图 3.32 为脉冲宽度从 100 ns 增加至 5000 ns 的氩气 DBD 图像。可以看出，脉冲宽度较小时，放电为丝状模式，随着脉冲宽度增加，放电细丝减少，放电模式逐渐转变为均匀模式，脉冲宽度 700～1000 ns 时为均匀放电，继续增大脉冲宽度则均匀放电中开始出现放电细丝，脉冲宽度达到 2000 ns 时放电空间中出现较为明显的丝状放电。

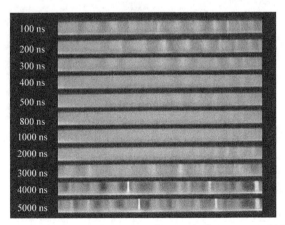

图 3.32　不同脉冲宽度下氩气 DBD 图像(电压幅值 4 kV，上升沿和下降
沿时间 50 ns，重复频率 5 kHz，曝光时间 1/8 s)

　　脉冲上升沿和脉冲下降沿也对 DBD 模式具有一定的影响[28]。图 3.33 为脉冲上升沿时间 50～500 ns 时的氩气 DBD 图像。可以观察到，脉冲上升沿时间为 50 ns 时，氩气 DBD 处于均匀模式，随着脉冲上升沿时间增加，放电气

隙中出现放电细丝，放电发展为丝状模式。图 3.34 为脉冲下降沿时间为 50～500 ns 时的氩气 DBD 图像。可以看出，在脉冲下降时间为 50 ns 时，DBD 为均匀模式；脉冲下降时间增加时，放电间隙中出现簇状放电单元，放电的均匀性变差。

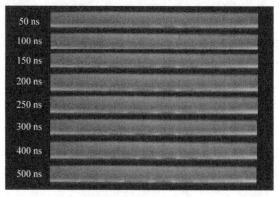

图 3.33　不同上升沿时间下氩气 DBD 图像(电压幅值 4 kV，脉冲宽度 1000 ns，重复频率 5 kHz，下降沿时间 50 ns)

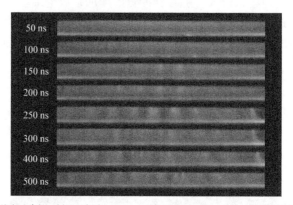

图 3.34　不同下降沿时间下氩气 DBD 图像(电压幅值 4 kV，脉冲宽度 1000 ns，重复频率为 5 kHz，上升沿时间 50 ns)

3.2.4　气隙距离对介质阻挡放电的影响

研究表明，DBD 模式转换机制与气体压强和气隙距离的乘积(pd)有关。因此，在大气压下气隙距离是影响电子崩的重要因素。当气隙距离较小时，放电可以用汤森理论来解释，当气隙距离较大时，可以用流注理论来解释。研究者一般通过调节电极间距来研究 pd 值对放电过程的影响[29,30]。图 3.35 是气隙距离从 2 mm 增加到 4 mm 时，纳秒脉冲氩气 DBD 图像。从图 3.35 中可以看出，气隙距离的增大使得均匀放电逐渐过渡到丝状放电，并且丝状越来越明显。实际放电中，多个电子崩从阴极出发并向阳极发展中，由于施加脉冲时间过短，电子崩来不及向二次电子崩及流注转化，从而不易形成流注。但当放电间隙较长时，随着气隙距离的增加，间隙内电子的行程增加，碰撞概率逐渐增加，一次电子崩容易向二次电子崩转换，并逐步形成流注，导致丝状放电的产生。因此实验中在 2 mm 间隙时容易形成均匀放电，而在 4 mm 间隙时是明显的丝状放电。工作气体为氦气，气隙距离从 2 mm 增加到 4 mm 的条件下，纳秒脉冲氦气 DBD 图像如图 3.36 所示。可以看出，在 2 mm 间隙时，氦气 DBD 较为均匀，而气隙距离增大到 3 mm 后，放电空间立刻出现明显的放电细丝，继续增大气隙距离，放电减弱，但依然有少许明亮的细丝在气隙间来回移动。

图 3.35　不同气隙距离的纳秒脉冲氦气 DBD 图像(电压幅值 12 kV，重复频率 500 Hz，上升沿和下降沿时间 50 ns，脉冲宽度 1000 ns，曝光时间 1/8 s)

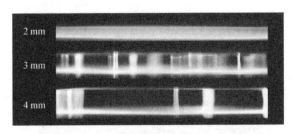

图 3.36　不同气隙距离的纳秒脉冲氩气 DBD 图像(电压幅值 5 kV，重复频率 5 kHz，上升沿和下降沿时间 50 ns，脉冲宽度 1000 ns，曝光时间 1/8 s)

3.2.5　介质阻挡方式对介质阻挡放电的影响

DBD 中介质阻挡方式通常为将绝缘介质插入放电空间或覆盖在电极表面，介质表面积累的电荷会产生与外加电场方向相反的电场，影响放电过程。研究者一般会采用单介质或双介质的形式覆盖在阳、阴电极表面。以图 3.37 为例，电极距离为 4 mm，采用三种方式阻挡：两片 1 mm 厚度的玻璃分别阻挡电极阳、阴极；2 mm 厚度玻璃阻挡电极阴极；2 mm 厚度玻璃阻挡电极阳极，并对不同阻挡方式下的纳秒脉冲 DBD 图像特征进行了观察。当两个电极都有阻挡介质时，放电呈现出较为均匀的形貌；仅阻挡电极阴极时，能看到丝状放电；仅阻挡电极阳极时，出现更为剧烈的丝状放电。这是因为双层介质阻挡时，阻挡介质对电子崩的发展有一定限制，而只有一个电极被阻挡时，另一个未被阻挡的电极对电子崩的发展及流注丝放电的形成是有利的，一般来说当阳极被阻挡，则未被阻挡的阴极对电子崩起始阶段有利，而当阴极被阻挡时，未被阻挡的阳极对电子崩向流注转换有利。总之，只有一个电极被阻挡时，容易导致放电电子崩向流注发展从而形成丝状放电，而阴、阳电极均被阻挡时，丝状放电的发展受到一定限制[26]。

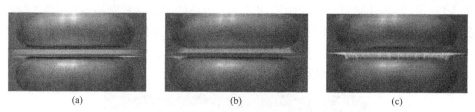

图 3.37　不同阻挡方式下纳秒脉冲 DBD 图像[26]

(a) 阳、阴电极均阻挡；(b) 仅阻挡电极阴极；(c) 仅阻挡电极阳极

3.2.6　电极构型对介质阻挡放电的影响

放电电极构型决定了初始电场分布[31]。图 3.38(a)和(b)分别为氧化铟锡(ITO)

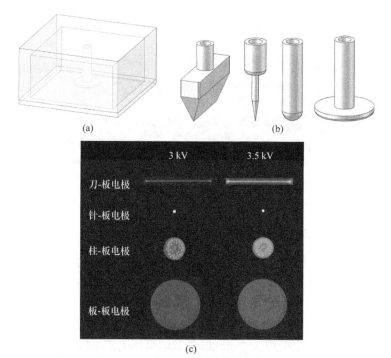

图 3.38　多电极 ITO 玻璃反应腔及不同电极构型 DBD 图像(脉冲宽度 1000 ns，

重复频率 3 kHz，上升沿和下降沿时间 50 ns)

(a) 多电极 ITO 反应腔；(b) 电极结构图；(c) 不同电极构型放电图像

玻璃反应腔结构图和刀-板、针-板、柱-板和板-板电极的示意图, 图 3.38(c)为纳秒脉冲电源激励下, 电极间距为 2 mm 时, 不同电极构型的氦气 DBD 图像。从图中可以看出, 电极构型对 DBD 均匀性和放电模式具有很大影响。针-板和刀-板电极构型能产生极不均匀电场, 在针电极和线电极处会形成很强的畸变电场, 易导致丝状放电, 在 ITO 玻璃侧可以观测到放电斑点, DBD 处于丝状模式, 柱-板电极构型会产生稍不均匀电场, DBD 图像上也可以看到放电细丝从柱电极延伸至 ITO 极板, DBD 处于丝状模式, 而在板-板电极构型中, 其产生均匀电场, 在整个放电空间内未观测到放电细丝, DBD 处于均匀模式。

3.3　介质阻挡放电模式形成机制

气体放电包含了大量的物理化学过程。对不同形式的气体放电来说, 其共同之处在于由电场触发的电离过程产生电离气体, 即等离子体。电场及外加电压、放电电流对等离子体特性有着重要影响。在气体放电中, 主要存在两种不同的电流, 分别是传导电流和位移电流。传导电流由电场引起的电荷在放电通道中转移而形成, 而位移电流由电场对介质的充放电引起。DBD 的机制可以解释如下: 当在高压电极施加变化的电场时, 形成等效电场(E_a), 由于位移极化效应, 电介质会产生一个反向电场(E_d), 该电场会减弱气体间隙的电场 $E_g(E_g = E_a - 2E_d)$。当气体间隙的电场强度达到击穿阈值时, 放电发生, 自由电荷载体通过碰撞电离产生。在放电过程中, 电介质表面积累的电荷会产生与外加电场 E_a 方向相反的电场 E_c, 使气体间隙电场减小到 $E_g = E_a - 2E_d - E_c$ [32], 随着电荷积累的增多, E_c 增强, 最终导致 E_g 小于击穿场强, 放电熄灭。图 3.39 为不同模式 DBD 的发展过程示意图。可以看出, 在放电发生到熄灭的过程中气体间隙内同时存在大量的电流脉冲

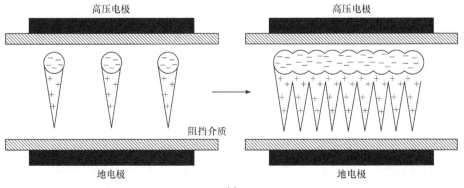

(a)

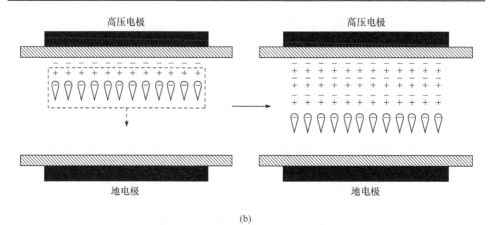

(b)

图 3.39　丝状模式和均匀模式的发展示意图

(a) 丝状模式；(b) 均匀模式

形成的通道，这种放电形式被称为微放电。微放电可以均匀、弥散，或彼此孤立地随机发生在不同位置，形成丝状模式，当放电通道融合，会形成均匀模式。典型的微放电参数如表 3.1 所示。

表 3.1　微放电典型参数[10]

参量名称	参数值
持续时间	$1\sim10$ ns
丝状半径	100 μm
电流峰值	0.1 A
电流密度	$100\sim1000$ A/cm^2
电子密度	$10^{14}\sim10^{15}$ cm^{-3}
电子能量	$1\sim10$ eV
传输电荷量	$0.1\sim1$ nC
能量密度	$1\sim10$ mJ/cm^3
消耗能量	1 μJ
气体温度	接近室温，约 300 K

在 DBD 中，若施加的电压极性在下半个周期发生反转时，上半个周期内介质表面电荷的记忆效应会增大电场，$E_g = E_a - 2E_d + E_c$，使击穿更容易发生。这说明某一个放电细丝一旦形成，则以后各半周的放电在该处发生的概率会提高，视觉上在该处会出现一个微放电细丝，放电细丝是稳定的。一个微放电过程通常可以分为

三个阶段：①电子崩的发展及大量空间电荷的产生；②气隙放电通道的形成及放电电荷的传输；③介质表面电荷的积聚，从而产生反向电场并导致放电的熄灭。这三个阶段的时间过程相差很大，有数量级的差异。通常电子崩阶段在几纳秒内就已经完成；放电电荷的传输阶段一般也为纳秒量级，并形成微放电脉冲电流；而放电的熄灭阶段所经历的时间为 100 ns 甚至更长[33]。对单一的微放电来说，它在时间和空间上的分布是随机的。介质表面电荷的作用是使放电稳定在某一个位置形成稳定的放电细丝，但实际上放电体系中一般不会仅出现单一的微放电细丝，而是会同时出现许多的放电细丝，即在同一半周期中仍存在多次的放电[34]。

图 3.40 是 DBD 中多个微放电细丝形成示意图。从图中可以看出，在一个半周期中放电在该处的电场某处发生时，放电细丝变稀疏，电场变弱，下一个放电应当在电场较大的其他区域发生，最后形成许多微放电细丝通道。微放电通常呈现均匀的圆柱形微通道，每一个微通道就是一个强烈的放电击穿过程，带电粒子的输运过程及等离子体化学反应就发生在这些微放电通道内，可以用来研究 DBD等离子体的整体特性[33]。

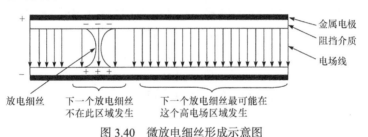

图 3.40 微放电细丝形成示意图

在大气压下，电子经历多次碰撞，限制电子崩发展的一种可能方法是限制电子的碰撞电离系数 α。由于 α 随气隙场强的增大而增大，要抑制电子崩发展就必须设法降低气隙的击穿场强，也就是说，在低电场下产生电子。对于氦气和氩气等单原子惰性气体来说，它们在大气压下的击穿场强低，采用 DBD 的电极结构，很容易在低电场下产生电子，在大气压下产生辉光放电相对来说比较容易[35]。氦气、氩气、氖气等惰性气体在放电时，会发生彭宁电离效应，产生大量的亚稳态原子。这些出现在放电空间的亚稳态原子会和阻挡介质表面相互作用释放出大量的电子。因此，在交流电源作用下，当放电空间积累到足够多的亚稳态原子和电子时，就会降低下半个周期的击穿场强，从而使放电的发展与低气压下的汤森放电或辉光放电有类似的特征。在一些分子气体中(如 O_2 和 CO_2 等)，可以通过选择合适的电源频率来降低击穿场强，从而使气隙发生均匀的击穿。在合适的频率范围内，外加电场改变方向时，运动速度快的电子已逃逸出电子崩到达阳极，而运动慢的离子还未到达阴极就随电场改变运动方向，这样离子被束缚在电场中进行振荡运动。在气隙中形成空间电荷，放电过程将受前一时期空间电荷的影响，这些空间电荷将随电场极性的变化在电极之间振荡、增加并累积，直至击穿。此时击穿电压明显低于静态击穿电压，因此有可能产生均匀模式[36]。其次在大气压下获得均匀稳定DBD，需要空间电荷分布均匀，减小空间电场畸变，一般通过优化电极结构设计，提高氩气、氮气、空气等工作气体和O_2、CF_4和CO_2等添加媒质分布的均匀性，以及增大气流带走放电空间杂质和热量等手段实现。

纳秒脉冲电源驱动的DBD因脉冲电压具有陡峭的上升沿和较短的脉冲持续时间，能有效地抑制放电由均匀放电向火花或者电弧放电转变[19,37,38]。均匀放电的一个电流脉冲发展过程中，空气间隙中表面电荷和电场的示意图如图3.41所示。图3.41(a)是在气隙发生击穿放电之前的时刻(假定上次放电脉冲还有残余电荷附着在介质层表面)，平行板电极上放电残余电荷的作用，导致电极中央部位的电场强度最大。由于电离系数主要取决于电场强度，电子崩首先从电极中央部位开始发展。图3.41(b)是发生击穿放电的时刻，电子崩头部到达电极处时，积累在介质层表面，导致放电通道周围的电场被加强。随后，电子崩头部沿径向朝电极边缘发展。电子崩发展至整个电极区域后，因场强降低到不足以维持放电而迅速熄灭。通常放电区域会比电极范围略微大一些。放电电流脉冲结束后，由于残余电荷的作用，空气间隙的电场趋于均匀分布。放电脉冲结束之后，施加脉冲电压也从峰值开始下降。此时残留在介质层表面的电荷还没有消失，形成一个与施加脉冲反向的电场，当施加脉冲电压下降至足够低时，介质层两侧残留的电荷发生二次放电，部分残余电荷被中和，如图3.41(c)所示。

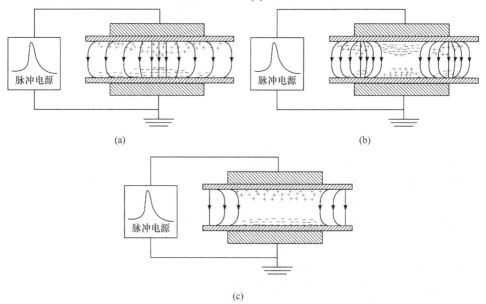

(a)　　　　　　　　　　　　　　　　　　(b)

(c)

图3.41　空气间隙中表面电荷与电场强度分布示意图
(a) 击穿前；(b) 击穿时；(c) 击穿后

从图 3.42 所示的 Kekez 曲线可以看到，气体放电逐步经历了汤森放电、辉光放电、丝状放电和最终的弧光放电，放电电流也是逐渐增大的。并且在气压、外加电压、气隙距离等条件不同时，Kekez 曲线中各个放电过程的持续时间也不同。大气压空气中的交流 DBD 通常为丝状模式，而纳秒脉冲作用时间短，如果脉冲宽度窄到在放电进入丝状模式之前结束，应该能够实现均匀的辉光放电[39]。

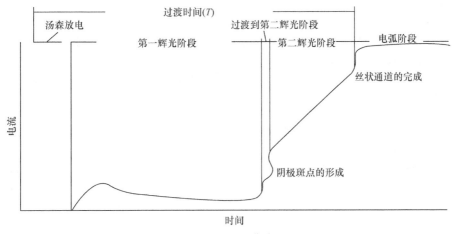

图 3.42　Kekez 曲线[39]

3.4　本 章 小 结

大气压下，在不同的电极结构、驱动电源和运行参数条件下，由于电场、流场和热场的相互作用，DBD 电学特性、发光特性、发展过程及等离子体微观参量等呈现出明显不同特征，在微放电通道分布类型上表现出不同的模式：丝状模式、均匀模式和斑图模式。通过电流电压波形、放电图像和 ICCD 放电过程拍摄可以判断 DBD 模式及发展过程。气体种类、介质材料、驱动电源、气隙距离、电极结构等 DBD 放电影响因素改变时，DBD 特性随之改变，并在一定条件下发生模式转变。在大气压下，pd 的乘积很大，通常 DBD 为丝状模式。在大气压下获得均匀模式 DBD，需要通过调控放电影响因素和运行参数限制电子崩的增长和减小空间电场不均匀性。

参 考 文 献

[1] Kogelschatz U. Dielectric-barrier discharges: Their history, discharge physics, and industrial

applications[J]. Plasma Chemistry and Plasma Processing, 2003, 23(1): 1-46.

[2] Kanazawa S, Kogoma M, Moriwaki T, et al. Stable glow plasma at atmospheric pressure[J]. Journal of Physics D: Applied Physics, 1988, 21(5): 838-840.

[3] Massines F, Rabehi A, Decomps P, et al. Experimental and theoretical study of a glow discharge at atmospheric pressure controlled by dielectric barrier[J]. Journal of Applied Physics, 1998, 83(6): 2950-2957.

[4] Roth J R, Nourgostar S, Bonds T A. The one atmosphere uniform glow discharge plasma (OAUGDP)—A platform technology for the 21st century[J]. IEEE Transactions on Plasma Science, 2007, 35(2): 233-250.

[5] Kogelschatz U. Filamentary, patterned, and diffuse barrier discharges[J]. IEEE Transactions on Plasma Science, 2002, 30(4): 1400-1408.

[6] 董丽芳, 李雪辰, 尹增谦, 等. 大气压介质阻挡放电中的自组织斑图结构[J]. 物理学报, 2002, 51(10): 2296-2301.

[7] 王新新. 介质阻挡放电及其应用[J]. 高电压技术, 2009, 35(1): 1-11.

[8] 李和平, 于达仁, 孙文廷, 等. 大气压放电等离子体研究进展综述[J]. 高电压技术, 2016, 42(12): 3697-3727.

[9] Brandenburg R. Dielectric barrier discharges: Progress on plasma sources and on the understanding of regimes and single filaments[J]. Plasma Sources Science and Technology, 2017, 26(5): 053001.

[10] Xu X. Dielectric barrier discharge-properties and applications[J]. Thin Solid Films, 2001, 390(1-2): 237-242.

[11] Shirafuji T, Kitagawa T, Wakai T, et al. Obsservation of self-organized filaments in a dielectric barrier discharge of Ar gas[J]. Applied Physics Letters, 2003, 83(12): 2309-2311

[12] 王新新, 李成榕. 大气压氮气介质阻挡均匀放电[J]. 高电压技术, 2011, 37(6): 1405-1415.

[13] 解向前, 方志, 杨浩, 等. 空气中均匀介质阻挡放电研究进展[J]. 真空科学与技术学报, 2009, 29(6): 649-658.

[14] 储海靖, 刘峰, 庄越, 等. 水蒸气添加对纳秒脉冲激励氩气 DBD 放电特性的影响[J]. 高电压技术, 2021, 47(3): 885-893.

[15] Liu F, Chu H J, Fang Z, et al. Uniform and stable plasma reactivity: Effects of nanosecond pulses and oxygen addition in atmospheric-pressure dielectric barrier discharges[J]. Journal of Applied Physics, 2021, 129(3): 033302.

[16] Shao T, Zhang C, Fang Z, et al. A comparative study of water electrodes versus metal electrodes for excitation of nanosecond: Pulse homogeneous dielectric barrier discharge in open air[J]. IEEE Transactions on Plasma Science, 2013, 41(10): 3069-3078.

[17] Yang D, Wang W, Wang K, et al. Spatially resolved spectra of excited particles in homogeneous dielectric barrier discharge in helium at atmospheric pressure[J]. Spectrochimca Acta Part A: Molecular and Biomolecular Spectroscopy, 2010, 76(2): 224-229.

[18] Liu F, Chu H J, Zhuang Y, et al. Influence of dielectric materials on discharge characteristics of coaxial DBD dirven by nanosecond pulse voltage[J]. Plasma Research Express, 2020, 2(3): 034001.

[19] Shao T, Long K, Zhang C, et al. Electrical characterization of dielectric barrier discharge driven

by repetitive nanosecond pulses in atmospheric air[J]. Journal of Electrostatics, 2009, 67(2-3): 215-221.

[20] Wang Q, Liu F, Miao C, et al. Investigation on discharge characteristics of a coaxial dielectric barrier discharge reactor driven by AC and ns power sources[J]. Plasma Science and Technology, 2018, 20(3): 035404.

[21] 方志, 王辉, 邱毓昌. 空气中介质阻挡大气压辉光放电特性的研究[J]. 高压电器, 2006, 42(2): 105-108.

[22] 方志, 罗毅, 邱毓昌, 等. 空气中大气压下低温等离子体对聚四氟乙烯进行表面改性的研究[J]. 真空科学与技术, 2003, 23(6): 38-42.

[23] 罗海云, 冉俊霞, 王新新. 大气压不同惰性气体介质阻挡放电特性的比较[J]. 高电压技术, 2012, 38(5): 1070-1077.

[24] 罗毅, 方志, 邱毓昌. 材料性质对介质阻挡放电特性的影响[J]. 绝缘材料, 2003, 36(4): 45-47.

[25] 方志, 蔡玲玲, 雷枭. 氮气和氖气中大气压均匀介质阻挡放电特性比较[J]. 高电压技术, 2011, 37(7): 1766-1774.

[26] Shao T, Long K H, Zhang C, et al. Experimental study on repetitive unipolar nanosecond-pulse dielectric barrier discharge in air at atmospheric pressure[J]. Journal of Physics D: Applied Physics, 2008, 41(21): 215203.

[27] 张恒, 方志, 雷枭. 脉冲电源驱动多针-平板电极介质阻挡放电影响因素研究[J]. 高压电器, 2011, 47(7): 10-17.

[28] Liu F, Huang G, Ganguly B. Plasma excitation dependence on voltage slew rates in 10-200 Torr argon-nitrogen gas mixture DBD[J]. Plasma Scources Science and Technology, 2010, 19(4): 045017.

[29] Ouyang J, Li B, He F, et al. Nonlinear phenomena in dielectric barrier discharges: Pattern, striation and chaos[J]. Plasma Science and Technology, 2018, 20(10): 103002.

[30] 苗传润, 刘峰, 王乾, 等. 电极长度对纳秒脉冲同轴介质阻挡放电特性的影响[J]. 高电压技术, 2019, 45(6): 1945-1954.

[31] Fang Z, Shao T, Ji S, et al. Generation of homogeneous atmospheric-pressure dielectric barrier discharge in a large-gap argon gas[J]. IEEE Transactions on Plasma Science, 2012, 40(7): 1884-1890.

[32] Itoh H, Teranishi K, Hashimoto Y, et al. Self-organized patterns of dielectric-barrier discharge generated by piezoelectric transformer[J]. IEEE Transactions on Plasma Science, 2008, 36(4): 1348-1349.

[33] 张峰. 介质阻挡放电在臭氧制取中的应用研究[D]. 焦作: 河南理工大学, 2009.

[34] Duan X Y, He F, Ouyang J T. Uniformity of a dielectric barrier glow discharge: Experiments and two-dimensional modeling[J]. Plasma Sources Science and Technology, 2012, 21(1): 015008.

[35] 刘璐. 介质阻挡放电实验与仿真研究[D]. 焦作: 河南理工大学, 2009.

[36] Dong L F, Yin Z Q, Li X C, et al. Spatio-temproal patterns in dielectric barrier discharge in air/argon at atmospheric pressure[J]. Plasma Sources Science and Technology, 2006, 15(4): 840-844.

[37] Zhang C, Shao T, Long K H, et al. Surface treatment of polyethylene terephthalate films using DBD excited by repetitive unipolar nanosecond pulses in air at atmospheric pressure[J]. IEEE Transactions on Plasma Science, 2010, 38(6): 1517-1526.

[38] 章程, 邵涛, 龙凯华, 等. 大气压空气中纳秒脉冲介质阻挡放电均匀性的研究[J]. 电工技术学报, 2010, 25(1): 30-36.

[39] Kekez M M, Barrault M R, Craggs J D. Spark channel formation[J]. Journal of Physics D: Applied Physics, 1970, 3(12): 1886.

第4章 等离子体表面改性原理、方法及表征

等离子体和材料表面相互作用，打开化学键，引发物理化学反应，进而改变表面特性。等离子体表面改性涉及交联、刻蚀、引入化学键，或者是几种过程的综合作用。因此，等离子体材料改性有不同的方法，主要通过引入官能团(亲、疏水性基团)和薄膜沉积(聚合物表面薄膜沉积、金属表面薄膜沉积、复合薄膜沉积)的方式来实现。通常，改性前后表面特性可以通过表面水接触角、表面自由能、表面形貌与成分、表面粗糙度、沉积薄膜厚度、折射率及表面电参数等来表征。

4.0 引 言

近年来，等离子体材料表面改性已成为等离子体领域研究的热点问题之一，在高压绝缘、新能源、纺织、农业及医疗等行业得到广泛应用。等离子体材料表面改性是利用等离子体的高活性引发物理或化学反应，从而改变材料表面的化学成分或物理结构以提高材料性能的技术。

等离子体中富集了具有一定能量分布的电子、离子、激发态原子和分子及活性自由基，这些极活泼反应性粒子的存在使得许多传统化学方法难以进行的反应体系在等离子体作用下更易发生。在等离子体改性过程中，通过调节注入粒子的能量，获得高活性反应粒子，可以摒弃传统热力学规律的高温过程，实现低温合成反应，且反应过程无污染，有利于环境保护。

与传统化学方法相比，等离子体改性具有广泛的材料来源、高效的气化方式、灵活的反应温度和多样的薄膜沉积等诸多优点。与低气压等离子体改性普遍需要真空设备不同，大气压等离子体改性能够在开放环境下产生大体积、高能量密度的低温等离子体，易于实现大规模、连续化和产业化生产运行。目前，介质阻挡放电(DBD)是实现大气压低温等离子体材料表面改性的重要手段。

4.1 等离子体表面改性原理

等离子体中的电子、离子、激发态原子和分子等粒子在与材料表面相互作用时，会将携带的能量传递给材料表面的分子和原子，发生一系列的物理化学

过程[1,2]，如图 4.1 所示。等离子体材料改性均需要材料表面经历活化过程，即在放电空间活性粒子撞击作用下，材料表面分子的化学键被打开，产生大分子自由基，从而材料表面具有反应活性。在活性化的材料表面，因吸附作用沉积在表面的等离子体中的中性粒子与自由基反应形成薄膜，或者材料表面自由基之间的重新结合会形成一层致密的网状交联层。同时，材料表面在等离子体作用下也会发生表面刻蚀，使材料表面变粗糙，表面形貌发生变化。当含有反应性气体(氧气、氮气或氟气)时，自由基与放电空间的反应性活性粒子结合能在材料表面引入具有较强反应活性的极性基团，从而发生等离子体接枝。

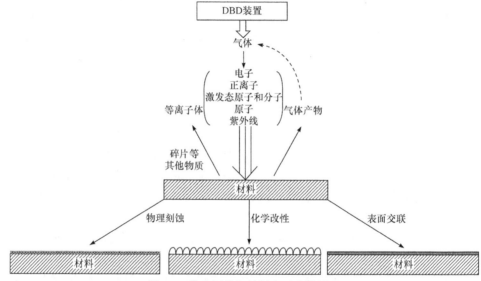

图 4.1　等离子体与材料表面改性原理

等离子体刻蚀是实现材料各向异性加工的特殊手段，可以有效去除特定表面物质而不影响表面其他物质。放电空间的高能离子直接轰击待处理区域可以提高刻蚀速度或者打掉表面钝化膜，暴露出的新表面继续与刻蚀粒子发生反应。化学改性过程中，等离子体中的中性粒子(原子、分子及基团)由于不受鞘层电场的作用，直接向表面迁移。化学改性几乎总是各向同性的，这是因为气相粒子是以近似均匀的角度分布到达衬底表面的。反应性气体可在材料表面引入官能团，实现特定的表面性能。非反应性气体主要在表面引入自由基，如果这些自由基受到空气或氧气的影响，就会形成过氧化物和氢过氧化物，可用于引发单体的交联聚合反应。等离子体可直接作用于单体，实现其在材料表面的交联聚合，通常存在两种前驱物受到等离子体作用的策略[3]。第一种策略是首先将单体吸附到基体上，然后等离子体对其进行处理。等离子体将在吸附单体层和基体表面生成自由基，从而形成交联聚合物的顶层。第二种策略是在等离子体中聚合。气相单体被等离子体转化为活性片段，这些活性片段可以在气相中生成聚合物。值得注意的是，许多单体即使不包含不饱和键或环状结构也可以在气相中发生等离子体聚合。这些聚合物可以沉积在基体上，从而在表面形成等离子体沉积的聚合物涂层。一般来说，在等离子体中聚合方法涉及聚合物与表面的结合，已接枝链形成的浓度梯度将导致接枝密度降低。

此外，等离子体用于材料表面处理时，等离子体中含有多种载能离子，这些载能离子经电场加速后入射到固体材料表面，一方面与固体中的原子发生碰撞，引发原子的级联运动，当级联运动原子的能量大于表面的势垒时，它将克服表面的束缚而飞出表面层，产生溅射现象。另一方面，入射的离子会因和固体中原子发生一系列的弹性和非弹性碰撞而不断地损失能量，当入射的离子能量损失到某一定值时，将停留在固体中不再运动，产生离子注入过程。

4.2　等离子体材料表面改性方法

等离子体对材料表面的作用仅涉及表面的几至几百纳米，在改善材料表面性能的同时又不影响材料的本体性能。当等离子体用于材料表面改性时，既可以直接处理材料表面也可以用于薄膜沉积。以 DBD 为例，包括动态、静态处理，单面、双面处理，放电空间内、外处理等多种形式。具体处理效果受许多因素影响，如外加电压的幅值和频率、阻挡介质的材料和厚度、气隙距离、气体种类、电极布置、处理时间等。通常可以通过控制上述因素来控制改性过程，从而选用不同的组合来达到不同改性要求。

4.2.1　等离子体直接处理

大气压 DBD 材料改性是典型的等离子体直接处理方式，能在接近室温条件下获得化学反应所需的活性粒子，同时无需真空设备，装置简单、操作方便，与电晕放电和辉光放电相比，更适合大规模连续化工业应用。当 DBD 工作在大气压条件时，放电空间表现为大量放电细丝的存在。这种丝状模式难以对材料表面进行均匀改性，而且放电细丝局部能量密度过高会导致材料表面灼伤，甚至性能下降，从而限制了其工业应用前景。与之相比，均匀 DBD 具有能量密度适宜、无放电细丝、不会灼伤材料等优点，可以对材料表面进行更为均匀的处理，很好地解决了丝状模式改性材料的缺点。近年来，各国研究者尝试将各种 DBD 反应器结构用于产生均匀放电，并且利用均匀放电对材料进行表面改性，取得了一定的研究成果。

惰性气体(氦气、氩气等)有助于产生稳定的均匀放电，为此很多研究者用惰性气体产生均匀 DBD 进行表面改性。大气压氦气及其混合气体均匀 DBD 能够明显改善材料表面亲水性，使材料表面水接触角大幅度下降。一般来说，均匀 DBD 在材料表面引入的氧元素多于丝状模式，因此亲水改性效果更好。与单纯氦气均匀 DBD 处理效果相比，氦气/空气(或氧气、氢气)均匀 DBD 改性使得材料表面亲水性改善更加明显[4-8]；氦气/氮气均匀 DBD 改性不仅改善了材料表面亲水性，还增加了含氮基团，大大延长老化时间[9]。大气压氦气及其混合气体中产生均匀 DBD 也能增强材料表面疏水性，如氦气/四氟化碳[10]、氦气/四氟化碳/氧气混合气体。一方面惰性气体作为工作气体产生的均匀 DBD 能够实现材料表面的有效刻蚀，当材料暴露在空气中后继续与空气中的氧气等反应，从而引入含氧基团，提高表面亲水性；另一方面能有效去除材料表面的弱黏结层，增加表面粗糙度，使得比表面积增大，从而提高表面黏结性[11,12]。因此，氦气均匀 DBD 也被应用于材料表面改性[13]。整体上，大气压均匀 DBD 改性效果较低气压辉光放电更好，并且改性后的效果能保持很长时间[11]。此外，均匀 DBD 改性后薄膜的粗糙度明显小于丝状 DBD 改性。

与昂贵的惰性气体相比，氮气相对廉价，且能够引入大量的特定基团，从而更好地改善表面性能。因此，以氮气为主的均匀 DBD 被应用于表面亲水改性[5]和提高材料表面能[14]，如氮气/氢气[15]、氮气/氨气[16,17]、氮气/氨气/乙炔[18]等混合气体。表面极性基团的引入是表面自由能增加的原因，当材料发生表面重构使这些极性基团消除后，材料表面性能会发生退化，即 DBD 处理的老化效应[15]。

空气是最简单易得的气体，因此大气压空气均匀 DBD 材料表面改性一直是研究的热点。大气压空气均匀 DBD 可以用来直接刻蚀以及增加金属材料、聚合物和纤维材料的表面能[19-21]。在空气气氛中，均匀 DBD 亲水改性的效果也优于丝状 DBD[22]。

总体看来，目前采用大气压均匀 DBD 对材料改性开展了大量的工作，使得该技术具有较好的应用前景，但是很多研究还处于实验探索阶段。

4.2.2 等离子体薄膜沉积

由于等离子体直接处理技术在大气压条件下多为细丝放电且改性后材料表面性能退化较为明显，需要借助等离子体薄膜沉积优化材料表面改性工艺。而且薄膜沉积有利于材料表面均匀改性及表面性能的长期保持。在驱动电源作用下，放电产生的等离子体使含有薄膜组成成分的气态物质(前驱物)断键发生化学反应或气态物质与待处理材料直接或间接发生反应，从而实现特定功能薄膜在待处理材料表面生长。近年来，除了处理方式的改进，驱动电源也进行了更新。常见的 DBD 驱动电源多为高频高压交流电源，易产生丝状放电，局部温度过高，容易灼烧材料。随着脉冲功率技术的日益发展，纳秒脉冲电源也越来越多地应用于材料表面改性领域。纳秒脉冲放电欧姆加热小且放电均匀，有效避免了细丝放电在材料表面改性等领域的缺陷。

前驱物是获得预期改性效果的决定性因素。例如，正硅酸乙酯(TEOS)作为应用最广泛的前驱物之一，在等离子体作用下，可在待处理试样表面生成类 SiO_2 薄膜。绝缘材料表面沉积类 SiO_2 薄膜后，使表面变得更加光滑且表面电导率明显提升，有利于表面电荷耗散，可明显提升耐受沿面放电的能力。由于高压气体绝缘金属封闭输电线路/气体绝缘金属封闭开关设备(GIL/GIS)中的大部分绝缘故障是发生于金属导体、绝缘子和绝缘介质气体的三结合点处，沿面放电不仅与绝缘材料的表面特性相关，还涉及金属材料的表面特性。通过镀膜的方式在金属电极表面沉积类 SiO_2 薄膜层后，能够有效覆盖表面微缺陷，使得金属微粒启举电压有较大程度提高，从而抑制金属材料在强电场环境下表面微凸起引发的电子场致发射，而且沉积薄膜后电极间电场畸变也有一定程度减小。对于金属、陶瓷等耐高温材料，在等离子体镀膜处理时，基底加热可以有效改善薄膜层的致密度和附着力。此外，六甲基硅氧烷(HMDSO)、四氯化钛($TiCl_4$)也是常用的前驱物，在等离子体作用下分别可以在材料表面沉积生成 SiO_2 薄膜、TiO_2 薄膜。如何选择合适前驱物、改进处理方式，实现材料表面特定功能的长期保持将是等离子体薄膜沉积技术未来研究工作的重点。

4.3　等离子体表面改性表征方法

等离子体表面改性表征包括表面水接触角、表面自由能、表面形貌、表面粗糙度、表面沉积薄膜厚度及折射率测量等物理特性，以及表面化学成分测试等。在电气领域应用时，还要进行表面电参数测试，一般是指材料表面绝缘性能的测试，常用的测量方法包括二次电子发射系数、表面电位、表面电荷及陷阱参数测试，以及表面电阻率和沿面耐压测试等。

4.3.1　表面物理特性

表面水接触角与表面自由能反映液体在固体表面的润湿性，水接触角直接由仪器测得，经计算得到表面自由能。改性前后通常伴随着旧化学键的破坏与新化学键的生成，表面形貌和表面粗糙度反映改性处理对材料表面状态的影响。表面形貌的微观变化需要借助扫描电子显微镜等仪器观察；测量表面粗糙度时，表面粗糙度仪粗略地给出较大区域粗糙度信息，原子力显微镜则给出小范围较为精细的信息。表面沉积薄膜厚度与折射率体现了等离子体作用下的薄膜沉积效果，可由椭偏仪测量得出。

1. 表面水接触角与表面自由能

接触角是表面物理和化学中的一个重要参数，与材料亲水性有直接关系。由于其具有原理简单、设备轻便、操作容易等优点，接触角测量已成为广泛采用的表面分析手段。水接触角是指在气液固三相交点处气液界面切线与固液交界线之间的夹角 θ，材料表面的浸润性可以由表面水接触角来表征。接触角原理如图 4.2 所示，液体在固体表面形成的接触角由气体、液体和固体三种界面之间的张力平衡决定，材料表面亲水性越强，接触角就越小，因此液体在材料表面的接触角可以用来表征亲水性的强弱。在研究润湿作用时，接触角 θ 的大小是衡量润湿性最为简单实用的标准，一般规定 $\theta > 90°$ 为不润湿、$\theta < 90°$ 为润湿、$\theta = 0°$ 为铺展(完全润湿)。因此，存在如下几种润湿情况：

(1) $\theta = 0°$，完全润湿；

(2) $\theta < 90°$，部分润湿或润湿；

(3) $\theta = 90°$，润湿与否的分界线；

(4) $\theta > 90°$，不润湿；

(5) $\theta = 180°$，完全不润湿。

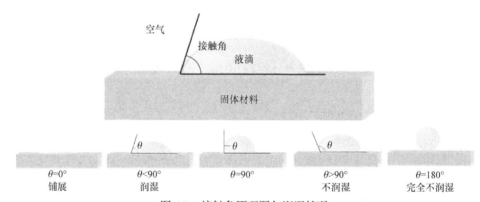

图 4.2　接触角原理图与润湿情况

表面水接触角的测量方法较多，较常见的有三种：测角法、测高法、测重法[23,24]，其中测角法是最为直观的方法。测角法是直接观测附着于材料表面的平衡液滴，通过人为地做气液、液固界面切线测量接触角 θ。

接触角测定仪是常用的水接触角测试仪器，如图 4.3(a)所示，可以测量去离子水和乙二醇等液体的水接触角。通常的做法是使用微量进样器，采用静滴法在待测样品表面随机选取的测试点滴下液滴，拍照后计算液滴的静态接触角。

材料的接触角测量应在处理后立即进行，为了减小测量误差，每个处理样品应选取多个不同的位置测量后取平均值。图 4.3(b)和(c)是 DBD 处理前后的聚对苯二甲酸乙二醇酯(PET)材料表面水接触角，试验中采用液滴体积约为 2 μL 的去离子水，发现 DBD 处理后水接触角变小，表明 DBD 处理提高了 PET 材料的表面亲水性。

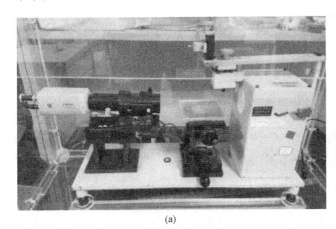
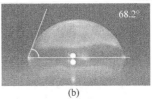

图 4.3　接触角测定仪与 DBD 处理前后 PET 材料表面水接触角
(a) 接触角测定仪；(b) PET DBD 处理前；(c) PET DBD 处理后

　　为了获得更多关于 DBD 处理前后材料表面活性的信息，可以对表面自由能进行分析。表面自由能有两个分量：无极性作用的伦敦色散分量(London dispersive component)；表现 Debye、Keeson、氢键等其他相互作用的分量，又称极性分量(polar component)。

　　Owens 二液法是进行材料表面自由能及其色散分量和极性分量计算常用的方法。本节以测量等离子体处理后 PET 材料表面的去离子水和乙二醇的接触角为例，公式如下：

$$\gamma_{L1}(1+\cos\theta_1) = 2(\gamma_S^L \cdot \gamma_{L1}^L)^{1/2} + 2(\gamma_S^{SP} \cdot \gamma_{L1}^{SP})^{1/2} \tag{4-1}$$

$$\gamma_{L2}(1+\cos\theta_2) = 2(\gamma_S^L \cdot \gamma_{L2}^L)^{1/2} + 2(\gamma_S^{SP} \cdot \gamma_{L2}^{SP})^{1/2} \tag{4-2}$$

$$\gamma_{L1} = \gamma_{L1}^L + \gamma_{L1}^{SP} \tag{4-3}$$

$$\gamma_{L2} = \gamma_{L2}^L + \gamma_{L2}^{SP} \tag{4-4}$$

$$\gamma_S = \gamma_S^L + \gamma_S^{SP} \tag{4-5}$$

其中，γ 表示表面自由能；上标 L 和 SP 分别表示表面自由能的色散分量和极性分量；下标 S、L1 和 L2 分别表示固体、去离子水和乙二醇。表 4.1 给出了水和乙二醇的表面自由能及其分量参数，将测得的水接触角 θ_1 和乙二醇接触角 θ_2 代入式(4-1)～式(4-5)，联立求解则可得到 PET 材料表面自由能。

表 4.1　液体表面自由能　　　　　　　　　(单位：mJ/m²)

液体	γ_S	γ_S^L	γ_S^{SP}
水	72.8	51	21.8
乙二醇	48	19	29

2. 表面形貌

样品表面的微观形貌是改性材料关注的基本参数，可采用原子力显微镜 (AFM)和扫描电子显微镜(SEM)进行观察。原子力显微镜是一种基于原子、分子间相互作用力实现材料表面微观形貌观测的技术。利用微悬臂传递针尖原子与样品表面原子间微弱排斥力($10^{-8}\sim10^{-6}$ N)引起的针尖位置变化，采用光学检测法获得样品表面形貌信息。AFM 的优点在于：提供真正的三维表面图；无需特殊处理，如镀铜或碳；在常压下甚至在液体环境下都可以良好工作。综上所述，AFM 可以形象地观察材料表面样貌形态，能更多地了解其表面特性信息，但也存在一些缺陷，如成像范围很小、扫描速度慢、受探头的影响大等。

SEM 是利用二次电子信号成像来观察样品的表面形态，即用极狭窄的电子束去扫描样品，通过电子束与样品的相互作用产生各种效应，其中主要是样品的二次电子发射。SEM 是一种微观形貌观察手段，主要利用样品表面的物理信息进行微观成像。SEM 的优点是：①有较高的放大倍数，20～200000 倍之间连续可调；②有很大的景深，视野大，成像富有立体感，可直接观察各种试样凹凸不平表面的细微结构；③试样制备简单。目前的 SEM 都配有 X 射线能谱仪装置，可以同时进行显微组织形貌的观察和微区成分分析。

AFM 测试仪如图 4.4(a)所示，该 AFM 测量时采用轻敲模式，可以测量得到 25 μm×25 μm 范围内的纳米级表面形貌结构，并可以通过 Nano Scope Analysis 软

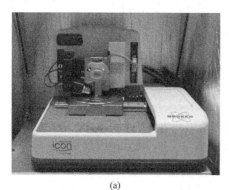
　　　　　　(a)

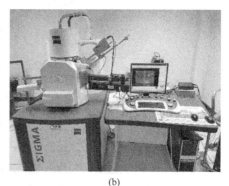
　　　　　　(b)

图 4.4　AFM 及 SEM 测试仪

(a) AFM 测试仪；(b) SEM 测试仪

件计算得到样品表面粗糙度。SEM 测试仪(Zeiss SIGMA)如图 4.4(b)所示，该 SEM 的成像倍数为 $12\sim10^6$，高能电子源的加速电压调制范围为 $0.1\sim30$ kV，二次电子成像的分辨率最高可达 1.3 nm(20 kV 下)。

以 Cu 材料改性为例，AFM 对 Cu 表面沉积 TiO_2 薄膜后微观形貌的观测结果如图 4.5 所示。从图中可以看出，该样品表面较平坦，仅存在较少的小尖峰，计算得到薄膜的平均粗糙度 R_a 为 77.7 nm，均方根粗糙度为 98.3 nm[25,26]。采用 SEM 对 Cu 片表面形貌进行观测分析，结果如图 4.6 所示，Cu 表面存在一条条沟壑，同时也存在少许金属微粒。

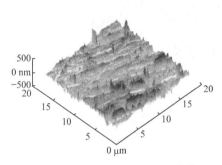 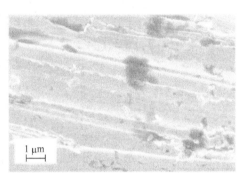

图 4.5　TiO_2 薄膜 AFM 微观形貌　　　　图 4.6　Cu 片的 SEM 微观形貌

3. 表面粗糙度

表面粗糙度是改性材料关注的重要参数，其有多种表征方式，主要包括[27,28]：①以砂纸目数表征；②由光学显微镜观测的表面轮廓计算；③由表面粗糙度仪(图 4.7)测定；④由 AFM 测试结果计算。以不同目数砂纸打磨后的聚四氟乙烯(PTFE)为例，分别用 AFM、3D 超景深光学显微镜、表面粗糙度仪测量表面粗糙度，如表 4.2 所示。其中，AFM 的量程为 90 μm×90 μm×12 μm，测试采用轻敲模式，取样范围 25 μm×25 μm；3D 超景深光学显微镜配备 50~500 倍放大镜头，可观测图像尺寸为 1600(H)像素×1200(V)像素，可实时对样品表面进行尺寸测量，并保存测量结果和图像；表面粗糙度仪，取样长度为 0.25 mm、0.8 mm、2.5 mm 三挡可选，粗糙度 R_a 测量范围为 0.005~16 μm，测量时每一试样选 5 个测试点，测试方向垂直于打磨方向。三者使用过程中测量长度依次为 25 μm、270 μm、800 μm，可测样品表面高度范围一般分别为 ±2 μm、±230 μm(倍率 500)、±8 μm。测量结果表明，不同方法测得的表面粗糙度结果有一定差异，考虑到不同测试方法的测量范围和特点不同，研究中需选定一种测量方法为主，同时注意与其他测量方法的横向对比。

图 4.7　表面粗糙度仪

表 4.2　不同方法测量打磨后 PTFE 的表面粗糙度

测试方法	表面粗糙度	600 目	1000 目	2000 目	5000 目
AFM	R_a/nm	212	74.7	57.8	13.4
	R_q/nm	318	97.9	76.8	17.8
表面粗糙度仪	R_a/nm	0.91	0.73	0.41	0.06
光学显微镜	R_a/nm	25.15	14.63	1.46	1.93
	R_q/nm	30.57	17.54	1.75	2.56

　　考虑到 PTFE 的表面粗糙度变化比较均匀且变化范围较大，图 4.8 给出了使用 AFM 测得不同表面粗糙度 PTFE 试样的表面形貌，其总体呈现出随着表面粗糙度降低逐渐趋于光滑的变化趋势。$R_a = 0.91\ \mu m$ 时，样品表面存在明显的由砂纸打磨造成的划痕和凸起，$R_a = 0.73\ \mu m$ 时，样品表面划痕深度和凸起高度已有减弱，但其致密程度、划痕深度和凸起高度仍高于 $R_a = 0.41\ \mu m$ 的样品，而 $R_a = 0.06\ \mu m$ 时，样品表面已较为平整。

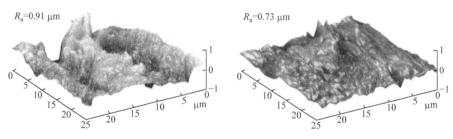

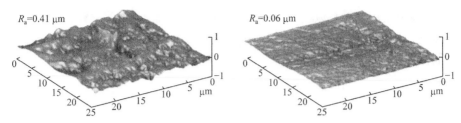

图4.8　AFM测得不同表面粗糙度PTFE的表面形貌

4. 表面沉积薄膜厚度及折射率测量

样品表面沉积薄膜的厚度采用椭偏仪(图4.9)进行测量,其测量精度可以达到0.01~0.03 nm,设置测量波长为190~930 nm,选取632.8 nm处的薄膜厚度作为测量结果;椭偏仪入射角为70°,偏振角为45°。在样品表面随机选取5个点测量其薄膜折射率及厚度,并计算其平均值作为测量结果。

图4.9　椭偏仪

以沉积处理5 min的环氧树脂样品为例,通过椭偏仪进行测量,得到如图4.10所示反射系数比G的模$\tan\psi$和幅角Δ的测量曲线与拟合曲线,代入式(4-6)中可以采用数值计算方法得到薄膜的折射率与厚度。计算得到样品表面的薄膜厚度为261.02 nm,测试波长为632.8 nm时折射率为1.46,接近常见的SiO_2折射率(1.46~1.52)。

$$
\begin{cases}
\tan\psi = \sqrt{\dfrac{r_{1p}^2 + r_{2p}^2 + 2r_{1p}r_{2p}\cos 2\delta}{1 + r_{1p}^2 r_{2p}^2 + 2r_{1p}r_{2p}\cos 2\delta} \cdot \dfrac{1 + r_{1s}^2 r_{2s}^2 + 2r_{1s}r_{2s}\cos 2\delta}{r_{1s}^2 + r_{2s}^2 + 2r_{1s}r_{2s}\cos 2\delta}} \\[4mm]
\Delta = \arctan\dfrac{-r_{2p}\left(1 - r_{1p}^2\right)\sin 2\delta}{r_{1p}\left(1 + r_{2p}^2\right) + r_{2p}\left(1 + r_{1p}^2\right)\cos 2\delta} - \arctan\dfrac{-r_{2s}\left(1 - r_{1s}^2\right)\sin 2\delta}{r_{1s}\left(1 + r_{2s}^2\right) + r_{2s}\left(1 + r_{1s}^2\right)\cos 2\delta} \\[4mm]
\delta = 2\pi d n_2 \cos\varphi_2 / \lambda
\end{cases}
$$

$$(4\text{-}6)$$

式中，r 表示振幅反射系数，下标 1 和 2 分别表示界面 1(空气与待测沉积薄膜)和界面 2(薄膜与基底)，s 和 p 分别表示光线的 s 分量和 p 分量；d 为薄膜厚度；n_2 为薄膜折射率；φ_2 为薄膜折射角；λ 为入射波长。

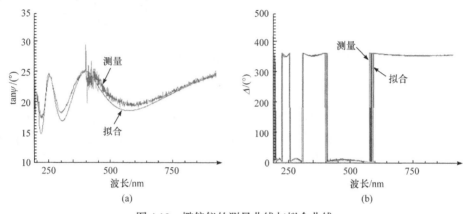

图 4.10　椭偏仪的测量曲线与拟合曲线

(a) 模 tanψ 的测量曲线与拟合曲线；(b) 幅角 Δ 的测量曲线与拟合曲线

4.3.2　表面化学成分

傅里叶变换红外光谱(FTIR)、X 射线光电子能谱(XPS)与 X 射线衍射(XRD)是重要的表面分析技术，在化学、材料科学及生命科学等众多领域得到广泛应用。表面化学成分反映改性前后旧化学键的破坏与新化学键的生成，改性处理对材料表面状态的影响主要借助这些技术手段来测试。

1. 傅里叶变换红外光谱

FTIR 一般基于红外吸收光谱来获得分子中所含化学键或官能团的信息。当红外光照射分子时，分子振动和转动跃迁能引起极性分子偶极矩的变化，由于不同化学键或官能团吸收频率不同，其吸收峰将出现在不同位置，从而形成红外光谱。

FTIR 核心部分是迈克耳孙干涉仪。把样品放在检测器前，由于样品对某些频率的红外光产生吸收，使检测器接受到的干涉光强度发生变化，从而得到各种不同的干涉图。这种干涉图是光随动镜移动距离的变化曲线，借助傅里叶变换函数可得到光强随频率变化的频域图。由于物质的吸收光谱可以客观地反映其分子结构，在谱图中各吸收峰分别对应着分子中各基团的振动形式，一般把这种代表基团存在并有较高强度的吸收峰称作特征吸收峰，其所在的位置称为特征频率。将测到的红外光谱上的吸收峰的位置、强度和形状，与已知的官能团振动频率与分子结构的关系对比，以确定吸收谱带的归属，确认分子中所含的官能团或化学键，由其特征振动频率的位移、谱带强度和形状的改变，来推定分子的结构。FTIR 仪器如图 4.11(a)所示，其有效波数范围为 400~7500 cm^{-1}，最小分辨率为 0.5 cm^{-1}。测试时，光谱分辨率设置为 1 cm^{-1}，测量范围选取 650~4000 cm^{-1}，每次测量结果取 16 次扫描叠加结果。

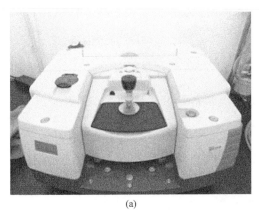
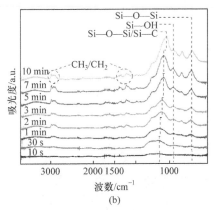

图 4.11　FTIR 测试仪及测试结果
(a) FTIR 测试仪；(b) 不同处理时间的薄膜 FTIR 测试

以在金属铜表面沉积类 SiO$_2$ 薄膜为例，其化学基团的 FTIR 测试结果如图 4.11(b)所示。从图中可看出，金属铜表面沉积后出现含硅烷基团，并且随着沉积时间的增加，含硅基团的吸收峰强度不断增强。

2. X 射线光电子能谱

XPS 是一种使用电子谱仪测量 X 射线光子辐照样品表面引起光电子和俄歇电子发射而获得其能量分布的方法，不仅能探测物体表面的化学组成，而且可以确定各元素化学状态。

XPS 基本原理是当一束具有特定能量的 X 射线辐照样品表面发生光电效应时，会产生与被测元素内层电子能级有关的具有特征能量的光电子，对其能量分布进行分析，便得到光电子能谱图。XPS 具有以下优点：表面灵敏度高；可同时提供元素定性、定量信息；易制样，可分析导体、半导体、绝缘体样品；对样品破坏性小。通过 XPS 分析可以获得聚合物材料表面存在的除 H 和 He 外所有元素的定性和定量信息，对材料表面改性有更透彻的认识。XPS 测试仪如图 4.12(a)所示，采用 Al Kα 辐射源，功率 150 W，其极限能量分辨率为 0.43 eV，测试深度约为 1~10 nm，测试面积约为 500 μm×500 μm。测试时，测试夹角设置为 0°，背景真空度设置为 10^{-7} Pa。

以不同条件下 Cu 表面沉积 TiO$_2$ 薄膜为例，其 XPS 测试结果如图 4.12(b)所示。从图中可以看出，不加热和不通空气两种条件下，薄膜中 Cu2p 的特征峰均较强，Ti2p、O1s 特征峰略弱，且薄膜中也存在较强的杂质 Cl2p 特征峰，说明这两种条件下沉积的薄膜对基底的覆盖程度较差，有较多的铜基底未被完全覆盖。而在通入 40 mL/min 空气并且基底加热至 100℃条件下，沉积得到的薄膜 O1s 和 Ti2p 的特征峰明显、Cu2p 特征峰较弱，说明薄膜覆盖程度优于其余两种条件下的薄膜。

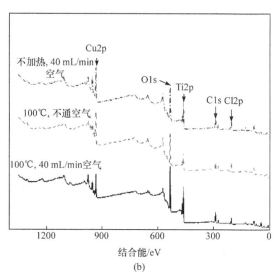

图 4.12　XPS 测试仪及测试结果

(a) XPS 测试仪；(b) 不同处理条件下薄膜元素总谱

3. X 射线衍射

XRD 用于研究材料物相和晶体结构时，通过对材料表面进行 X 射线辐照，分析产生的衍射图谱，从而获得材料的成分、材料内部原子或分子的结构或形态等信息。

XRD 通常是利用 X 射线管在高电压作用下阴极发射出高速电子流撞击金属阳极靶产生 X 射线。当 X 射线照射到晶体表面时，不同原子散射的 X 射线相互干涉，规则排列的原子使得某些特殊方向上产生强 X 射线衍射。不同材料所特有的衍射图谱由物质组成、晶型、分子内成键方式、分子的构型、构象等决定。XRD 测试仪如图 4.13(a)所示，采用 Cu 靶、陶瓷 X 射线管，管功率为 2.2 kW。测试时，扫描范围 10°～90°，扫描速率 0.02(°)/s。

以三元乙丙橡胶(EPDM)为例，在电热作用下，体相与表面的大分子会发生热氧老化断裂成小分子，移动性增强，小分子相互接触会出现重结晶的现象，使得样品晶型变化，导致 XRD 的衍射峰发生偏移，如图 4.13(b)所示。

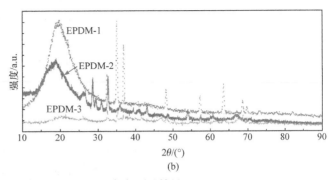

图 4.13　XRD 测试仪与测试结果

(a) XRD 测试仪；(b) 不同老化条件下 EPDM 的 XRD 测试

4.3.3　表面电参数

表面电参数主要用来表征材料经等离子体改性后，表面绝缘性能的变化。常用的测量方法包括二次电子发射系数、表面电位、表面电荷及陷阱参数测试，以及表面电阻率和沿面耐压测试等。

1. 二次电子发射系数

二次电子发射系数(SEY)是表征材料表面绝缘性能的一项重要指标，如真空闪络的发展与二次电子发射系数密切相关。二次电子发射是指固态材料受到具有一定能量的电子轰击时材料表层电子受激发而出射电子的现象。与金属材料相比，绝缘材料在受电子轰击时会发射出更多的二次电子，会导致介质表面的电子倍增及电荷积累，进而产生放电造成绝缘材料的失效。绝缘材料表面二次电子发射系数测试系统如图 4.14 所示。随着二次电子发射雪崩机制中"二次电子"这一概念变得宽泛，在真空闪络的研究中也将全二次电子简称二次电子；另一方面，严格地从测量方面区分开二次电子与背散射电子并不容易，本节将表面发射的二次电子称为真实二次电子以做区分。样品材料二次电子发射系数的测定条件为电子束垂直样品表面入射，入射电子能量范围 50～3000 eV，每点测两次，测定结果如图 4.15 所示，可以看出在上述测量条件下三种样品中 PMMA 和聚酰胺-6(PA6)的 SEY 曲线较为接近。SEY = 1 的含义为电子以该能量入射材料表面时新出射电子数目等于入射电子数目。一般地，材料的 SEY = 1 时对应的入射电子能量有两个值，分别记作 E_1 和 E_2。图 4.15 中 PTFE、PMMA、PA6 的 E_2 值分别约为 1800 eV、1600 eV 和 1400 eV，需要说明，图中测得的二次电子包含了从介质表面发射出的电子和弹性背散射电子，严格地讲 SEY 应称作全二次电子发射系数。

一般电子斜入射材料表面时测得的 SEY 要大于垂直入射时的情况。打磨处理后由于材料表面存在凸起和划痕，使电子束并非完全垂直入射材料表面，从而导致 SEY 增大，即电子垂直入射样品时，粗糙度越小的试样其 SEY 也越小。对于材料表面较高或较深的凸起和划痕，减少了实际收集到的二次电子，使测得的 SEY 降低。此外，采用等离子体处理技术能够较好地抑制二次电子发射。

图 4.14　表面二次电子发射系数测试系统

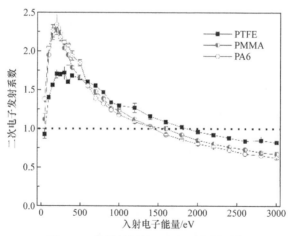

图 4.15　样品材料的二次电子发射系数

2. 表面电位

当材料表面积聚电荷时，材料表面的电位会发生相应变化，可通过表面电位反演计算得到表面电荷分布。表面电位(surface potential，SP)测试可反映材料表面电荷积聚和消散特性[29]。这些特性决定表面电场分布，是影响材料表面绝缘性能的重要因素。常见的表面电位测试系统如图 4.16 所示。

利用运动控制器和步进电机将样品移动到针电极正下方，相距 5 mm，针电极为钨钍材料，长度 200 mm，曲率半径 80 μm。由负直流电源向其施加电压–4 kV，产生电晕放电，充电 1 min 后再将样品移至静电探头正下方，相距 2 mm，静电探头与静电计耦合测量表面电位，每 500 ms 采集一个点，经由数据采集卡(USB-5935)存储在计算机中。电位分布测试区域为 20 mm×20 mm，扫描点数为 441，若设样品中心点坐标为(0,0)，则按(–10,10)、(–9,10)、…、(10,10)、(10,9)、(9,9)、…、(9,–10)、(10,–10)的 S 型顺序扫描，每 485 ms 采集一个点。通过 CaCl$_2$ 干燥剂和加湿器控制腔内相对湿度(relative humidity，RH)，温湿计监测腔内的温度和相对湿度分别为 20℃和 40%左右。

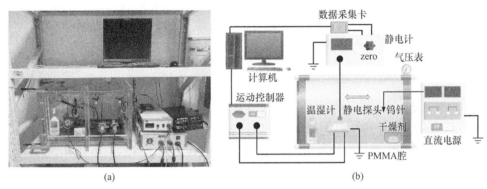

图 4.16 表面电位测试系统

(a) 系统实物图；(b) 系统原理图

采用表面电位测试系统得到中心点电位的衰减情况，利用式(4-7)和式(4-8)求取表面电荷密度 σ 和消散率 D。

$$\sigma = \frac{\varepsilon_0 \varepsilon_r}{d} U \tag{4-7}$$

$$D = \frac{\sigma(t_1) - \sigma(t_2)}{\sigma(t_1)} \times 100\% \tag{4-8}$$

式中，ε_0 为真空介电常数，取 8.85×10^{-12} F/m；ε_r 为相对介电常数；d 为样品厚度；$\sigma(t)$ 为不同时刻的表面电荷密度。

3. 表面电荷及陷阱参数

电荷的积聚及消散与电介质材料禁带上存在的陷阱能级有关，陷阱的捕获作用会对电荷的输运过程造成影响，能够改变材料击穿和闪络过程。因此，表面电荷及陷阱参数表征也是衡量材料表面绝缘性能的重要指标。

对于材料表面电荷及陷阱参数测量,常用的有等温表面电位衰减法(isothermal surface potential decay, ISPD)[30]、热刺激电流法(thermally stimulated current, TSC)[31]、

等温松弛电流法(isothermal relaxation current，IRC)[32]等几种方式。

ISPD 测量材料表面陷阱参数分为三个过程：首先，通过电晕、电子束或接触式充电等方式对试样表面充电。其中，电晕充电法具有设备简单、电路易搭建的优点，应用广泛。典型实验装置系统如图 4.16(b)所示，主要包括针-板电极结构、静电计及其探头、高压电源、位移平台和上位机控制系统等。其次，撤去高压，采用静电计记录沉积电荷的衰减过程。材料表面的沉积电荷可通过体内输运、表面传导及气体中和等方式衰减，但通常仅考虑体内输运的方式[33]。最后，采用理论模型计算材料内的陷阱分布特性。ISPD 的理论模型由 Simmons 提出，经推导可按下式计算表面陷阱参数[34]：

$$E_{\mathrm{T}} = kT \ln(\nu_{\mathrm{ATE}} t) \tag{4-9}$$

$$Q_{\mathrm{S}}(t) = t \frac{\varepsilon_0 \varepsilon_{\mathrm{r}}}{q_{\mathrm{e}} L} \frac{\mathrm{d}\phi_{\mathrm{s}}(t)}{\mathrm{d}t} \tag{4-10}$$

式中，E_{T} 为陷阱能级；Q_{S} 为陷阱电荷密度；k 为玻尔兹曼常数；T 为样品开尔文温度；ν_{ATE} 为陷阱电荷试图逃逸频率(取 $4.17 \times 10^{13} \mathrm{s}^{-1}$)；$L$ 为样品厚度；q_{e} 为电子电荷量；$\phi_{\mathrm{s}}(t)$ 为表面电位值。表面电位衰减过程由表面电位测试系统进行负极性电晕充电测量并记录。

由于实际采集的表面电位 $\phi_{\mathrm{s}}(t)$ 包含了一定的噪声，故采用拟合的方式平滑处理以便求取其对时间的微分。用于拟合的双指数函数如下：

$$\phi_{\mathrm{s}}(t) = a\mathrm{e}^{-\frac{t}{b}} + c\mathrm{e}^{-\frac{t}{d}} \ \text{或} \ \phi_{\mathrm{s}}(t) = a\mathrm{e}^{-\frac{t}{b}} + c\mathrm{e}^{-\frac{t}{d}} + \phi_0 \tag{4-11}$$

其中，a、b、c、d、ϕ_0 均为常数。表面电位衰减及拟合情况如图 4.17，从拟合优度 R^2 和拟合残差可见拟合效果较好。

图 4.18 为按式(4-9)和式(4-10)计算的聚酰亚胺(PI)陷阱分布，显然并未完整计算出陷阱分布，这是 ISPD 的计算局限性导致的。

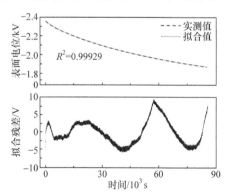

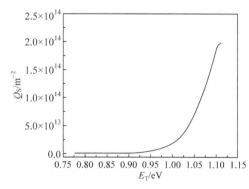

图 4.17　PI 表面电位衰减及拟合情况图　　　图 4.18　依据 ISPD 得到的 PI 陷阱分布

TSC 法包括热刺激极化电流法和热刺激去极化电流法。在聚合物绝缘材料内陷阱的测量与表征研究中，热刺激去极化电流法的应用更为普遍[33]。测量时，在试样两端施加高压使其极化，然后迅速降温，最后移除高压测量并记录试样在线性升温过程中的短路电流。由 TSC 曲线可以按半峰宽法计算材料的陷阱参数，如式(4-12)与式(4-13)所示。

$$E_{\mathrm{T}} = \frac{2.47kT_{\mathrm{m}}^2}{\Delta T} \tag{4-12}$$

$$Q_{\mathrm{TSC}} = \int_{t_0}^{t_1} I(t)\,\mathrm{d}t \tag{4-13}$$

式中，T_{m} 为电流峰值时的温度；ΔT 为半峰值对应的温差；t_0 和 t_1 为测量始末时刻；$I(t)$ 为热刺激电流；Q_{TSC} 为陷阱电荷量。

图 4.19 所示的聚酰亚胺测试结果是基于 TSC 方法的装置测量获得的，峰值温度 162.8℃可计算出 $E_{\mathrm{T}} = 0.99\ \mathrm{eV}$。测量时，先用液氮以约 40℃/min 降温至 20℃，再以 3℃/min 升温；分别对聚酰亚胺样品进行不经极化测量以获得干扰电流，以及经−20 kV/mm 在 160℃下极化 30 min 测量获得包含干扰电流的去极化电流。图 4.19 中的干扰电流包括噪声干扰、记录仪器接入测量系统的短期干扰、样品热释电电流和系统误差等。

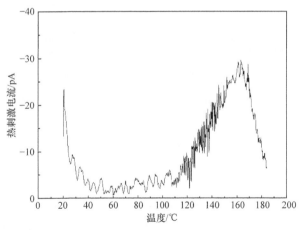

图 4.19　聚酰亚胺 TSC 测量电流原始结果

IRC 法测试大致分为两个过程：先对试样两端施加高压使其充分极化，后移除高压，测量去极化松弛电流。IRC 的理论方法与 ISPD 同源，可按式(4-14)与式(4-15)计算材料的陷阱参数。

$$E_{\mathrm{T}} = kT \ln(\nu_{\mathrm{ATE}} t) \tag{4-14}$$

$$Q_V = \frac{2t}{q_e LkTf_0(E)} \cdot J(t) \tag{4-15}$$

式中，Q_V 为陷阱电荷密度；$f_0(E)$ 为陷阱初始占用率，一般假定为 0.5；$J(t)$ 为材料退极化衰减电流密度。采集聚酰亚胺等温衰减电流原始信号见图 4.20，图 4.21 为上述电流信号经平滑处理后按式(4-14)和式(4-15)计算的聚酰亚胺陷阱分布，其陷阱能级高于图 4.19 的结果，陷阱电荷密度数量级较高。在测量 PI 等温衰减电流前，样品表面已蒸镀直径 32 mm 铝电极，在 160℃条件下以−20 kV/mm 极化 30 min，去掉极化电压后短接样品 5 s，然后采集电流。

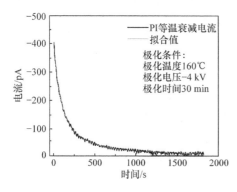

图 4.20　PI 等温衰减电流　　　图 4.21　依据 IRC 得到的 PI 陷阱分布

　　从以上三种方法的结果可以看出，基于不同方法测量同种样品也会得到不同的测试结果，原因包括测量方法理论模型、测量系统精确性等多个方面。例如有研究表明，聚酰亚胺的 TSC 谱图中有多个峰，另外，建立测量方法理论模型的前提是假设差异及测量过程干扰等均会对测量结果造成影响。

4. 表面电阻率

　　材料表面经过等离子体改性后，其表面电阻率会发生显著改变。通常采用三电极法测量，三电极包括被保护电极、保护电极和不保护电极，其中被保护电极的直径为 28 mm，不保护电极的内径和外径分别为 32 mm 和 40 mm，图 4.22 为测量系统及接线原理图。测量仪器为高阻计，测量电阻值最高可达 10^{16} Ω，电流的测量范围为 1 fA～20 mA。测量时，高阻计内部的高压直流电源会对样品施加一定的电压，通过内部的微安表测量得到相应的电流值，根据欧姆公式即可计算得到表面电阻，再代入式(4-16)中即可得到表面电阻率 ρ_s。

$$\rho_s = R_x \frac{P}{g} \tag{4-16}$$

式中，R_x 为表面电阻(Ω)；P 为被保护电极的有效周长(cm)；g 为被保护电极与不保护电极之间的距离(cm)；计算得到的表面电阻率 ρ_s 单位为欧姆(Ω)。

为了减少测量结果的误差，在三电极中专门设置了保护电极；另外，待测样品与测量电极均需放置在接地屏蔽盒中，在加压 1 min 且高阻计示数稳定时，每隔 30 s 记录一个测量值，共记录 10 个测量值并取其平均值作为测量结果。常见的绝缘材料，如 PTFE、PMMA 和 PA6，经三电极法测得的表面电阻率依次为 1.2×10^{17} Ω、4.3×10^{16} Ω 和 3.8×10^{13} Ω。

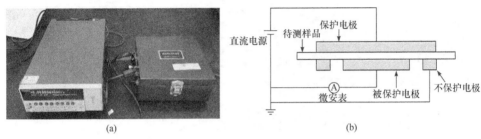

图 4.22　三电极测量表面电阻率
(a) 测量系统；(b) 接线原理图

5. 沿面耐压

沿面耐压性能是判断绝缘材料表面改性效果的主要指标。沿面耐压值可由高压沿面放电实验平台得到，平台由实验腔体(可抽真空，真空度可达 2.0×10^{-4} Pa)、指形电极、高压电源构成基本部分，由电压探头、罗氏线圈、示波器构成电信号测量部分，由发射光谱仪、光电倍增管、凸透镜、数码相机构成光信号检测部分。图 4.23(a)是实验平台及测量系统示意图。沿面放电实验所用电极为指形结构，电极前端曲率半径 10 mm，电极间距可以在 1.5～10 mm 调节，如图 4.23(b)所示。电极材料可以为紫铜、黄铜与不锈钢等，可采用聚四氟乙烯等绝缘材质的螺钉固定样品。

以真空沿面闪络测试为例，开始真空沿面闪络测试之前，将待测材料固定于指形电极之间，使用游标卡尺精确定位间隙距离。首先使用机械泵将放电腔内真空度抽到 10^2 Pa 以下，然后使用分子泵进一步抽真空度到 $10^{-3}\sim10^{-4}$ Pa。当气压稳定后，调节单次脉冲电压，由 6 kV 开始依次递增约 1 kV。同时观察电流波形和实验腔内电极之间的放电情况，当电流出现典型的击穿波形并且肉眼观测到闪络发光现象，记录该闪络电压值。图 4.23(c)给出了微秒脉冲闪络电压、电流波形图。此外，所进行的实验均为手动控制单次脉冲，脉冲间隔时间约为 3～5 s。每个电压等级的前 5 个脉冲不做记录，从第 6 个开始连续记录 10 次脉冲的电压峰值。若 10 次脉冲中有 1～5 次出现沿面闪络，则定义该电压等级为初次

闪络电压；继续升高电压，若 10 次脉冲全部出现沿面闪络，则定义该电压等级
为连续闪络电压。

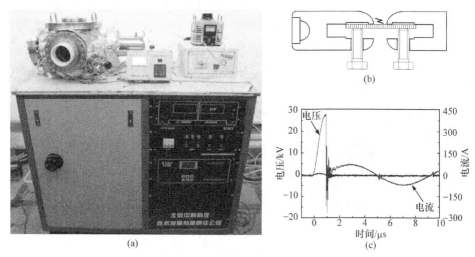

图 4.23　沿面耐压实验平台及测量系统示意图
(a) 系统示意图；(b) 指形电极；(c) 闪络电压、电流波形

4.4　本 章 小 结

　　本章对等离子体改性原理、改性方法和表征方法进行了归纳和总结。大气压
等离子体材料表面改性技术无需昂贵的真空设备，且具有绿色环保、节能高效的
特点，可替代高污染、高能耗、高成本、反应条件苛刻的传统化学工艺，更符合
大规模连续化生产的需要，是今后等离子体技术的产业化发展方向。等离子体直
接处理和等离子体薄膜沉积是目前实现材料表面改性最成熟的两大类方法，通过
改变气氛和前驱物的种类，可在待处理材料的表面实现预期的特定功能。此外，
根据应用场合的不同可以选择表面水接触角、形貌、膜厚、化学成分以及电参数
等多种表征方法。例如，在高压绝缘领域，沿面耐压、电导率以及电荷的表征是
衡量改性效果的关键性指标；在生物医学等领域，材料的亲水性表征必不可少，
通常可以选择表面水接触角、表面化学成分表征等来具体分析。

参 考 文 献

[1] 李和平, 于达仁, 孙文廷, 等. 大气压放电等离子体研究进展综述[J]. 高电压技术, 2016,
    42(12): 3697-3727.
[2] 梅丹华, 方志, 邵涛. 大气压低温等离子体特性与应用研究现状[J]. 中国电机工程学报,
    2020, 40(4): 1339-1358.

[3] Desmet T, Morent R, Geyter N D, et al. Nonthermal plasma technology as a versatile strategy for polymeric biomaterials surface modification: A review[J]. Biomacromolecules, 2009, 10(9): 2351-2378.

[4] Massines F, Gouda G. A comparison of polypropylene surface treatment by filamentary, homogeneous and glow discharge in helium at atmospheric pressure[J]. Journal of Physics D: Applied Physics, 1998, 31(24): 3411-3420.

[5] Massines F, Gouda G, Gherardi N, et al. The role of dielectric barrier discharge atmosphere and physics on polypropylene surface treatment[J]. Plasmas and Polymers, 2001, 6(1): 35-49.

[6] Danish N, Garg M K, Rane R S, et al. Surface modification of Angora rabbit fibers using dielectric barrier discharge[J]. Applied Surface Science, 2007, 253(16): 6915-6921.

[7] Trigwell S, Boucher D, Carlos I. Electrostatic properties of PE and PTFE subjected to atmospheric pressure plasma treatment; correlation of experimental results with atomistic modeling[J]. Journal of Electrostatics, 2007, 65(7): 401-407.

[8] Kim J K, Sohn J, Cho J H, et al. Surface modification of nafion membranes using atmospheric-pressure low temperature plasmas for electrochemical applications[J]. Plasma Processes and Polymers, 2008, 5(4): 377-385.

[9] Endrino J L, Marco J F. Functionalization of hydrogen free diamond-like carbon films using open-air dielectric barrier discharge atmospheric plasma treatments[J]. Applied Surface Science, 2008, 254(17): 5323-5328.

[10] Fanelli F, Fracassi F, d'Agostino R. Fluorination of polymers by means of He/CF$_4$ fed atmospheric pressure glow dielectric barrier discharges[J]. Plasma Processes and Polymers, 2008, 5(5): 424-432.

[11] Borcia G, Dumitrascu N, Popa G. Influence of helium-dielectric barrier discharge treatments on the adhesion properties of polyamide-6 surfaces[J]. Surface and Coatings Technology, 2005, 197(2): 316-321.

[12] Borcia C, Borcia G, Dumitrascu N. Relating plasma surface modification to polymer characteristics[J]. Applied Physics A: Materials Science and Processing, 2008, 90(3): 507-515.

[13] Tang X, Qiu G, Chen X. Dyeing behavior of atmospheric dielectric barrier discharge Ar-O$_2$ plasma treated poly(ethylene terephthalate) fabric[J]. Pulsed Power Plasma Science, 2007, 2(4): 829.

[14] Guimond S, Rodu I, Czeremuszkin G, et al. Biaxially oriented polypropylene (BOPP) surface modification by nitrogen atmospheric pressure glow discharge (APGD) and by air corona[J]. Plasmas and Polymers, 2002, 7(1): 71-88.

[15] Truica-Marasescu F, Guimond S, Jedrzejowski P, et al. Hydrophobic recovery of VUV/NH$_3$ modified polyolefin surface: comparison with plasma treatments in nitrogen[J]. Nuclear Instruments and Methods in Physics Research Section B: Beam Interactions with Materials and Atoms, 2005, 236(1): 117-122.

[16] Šíra M, Trunec D, Stahel P, et al. Surface modification of polyethylene and polypropylene in atmospheric pressure glow discharge[J]. Journal of Physics D: Applied Physics, 2005, 38(4): 621-627.

[17] Sarra-Bournet C, Turgeon S, Mantovani D, et al. A study of atmospheric pressure plasma

discharges for surface functionalization of PTFE used in biomedical applications[J]. Journal of Physics D: Applied Physics, 2006, 39(16): 3461-3469.

[18] Pappas D, Bujanda A, Demaree J, et al. Surface modification of polyamide fibers and films using atmospheric plasmas[J]. Surface and Coatings Technology, 2006, 201(7): 4384-4388.

[19] Tanaka K, Kogoma M, Ogawa Y. Fluorinated polymer coatings on PLGA microcapsules for drug delivery system using atmospheric pressure glow plasma[J]. Thin Solid Films, 2006, 506(8): 159-162.

[20] Roth J R, Rahel J, Dai X, et al. The physics and phenomenology of one atmosphere uniform glow discharge plasma (OAUGDP) reactor for surface treatment applications[J]. Journal of Physics D: Applied Physics, 2005, 38(4): 555-567.

[21] Tsai P P, Roth J R, Chen W. Strength, surface energy, and ageing of meltblown and electrospun nylon and polyurethane (PU) fabrics treated by a one atmosphere uniform glow discharge plasma[J]. Textile Research Journal, 2005, 75(12): 819-825.

[22] 方志, 邱毓昌, 罗毅. 用大气压下空气辉光放电对聚四氟乙烯进行表面改性[J]. 西安交通大学学报, 2004, 38(2): 190-194.

[23] 海彬. 低温等离子体表面处理抑制绝缘材料表面电荷的研究[D]. 郑州: 郑州大学, 2017.

[24] 李文耀. AP-PECVD 实验制备硅氧烷绝缘薄膜抑制微放电的研究[D]. 大连: 大连理工大学, 2017.

[25] 崔超超. 大气压等离子体金属表面处理抑制微放电的研究[D]. 郑州: 郑州大学, 2018.

[26] 崔超超, 章程, 任成燕, 等. 大气压等离子体射流 Cu 表面改性抑制微放电[J]. 中国电机工程学报, 2018, 38(5): 1553-1561.

[27] 胡多. 聚合物材料表面电荷输运特性及对真空闪络性能的影响研究[D]. 北京: 中国科学院大学, 2019.

[28] 胡多, 任成燕, 孔飞, 等. 表面粗糙度对聚合物材料真空沿面闪络特性的影响[J]. 电工技术学报, 2019, 34(16): 3512-3521.

[29] 马翊洋. 大气压等离子体薄膜沉积提高环氧树脂沿面耐压机理研究[D]. 郑州: 郑州大学, 2019.

[30] Li J, Zhou F, Min D, et al. The energy distribution of trapped charges in polymers based on isothermal surface potential decay model[J]. IEEE Transactions on Dielectrics and Electrical Insulation, 2015, 22(3): 1723-1732.

[31] 吕金壮. 氧化铝陶瓷的陷阱分布对其真空中沿面闪络特性的影响[D]. 北京: 华北电力大学, 2003.

[32] 王雅群, 尹毅, 李旭光, 等. 等温松弛电流用于 10 kV XLPE 电缆寿命评估的方法[J]. 电工技术学报, 2009, 24(9): 33-37.

[33] 高宇, 王小芳, 李楠, 等. 聚合物绝缘材料载流子陷阱的表征方法及陷阱对绝缘击穿影响的研究进展[J]. 高电压技术, 2019, 45(7): 2219-2230.

[34] 张冠军. 真空中固体绝缘材料沿面闪络的起始机理与发展过程[D]. 西安: 西安交通大学, 2001.

第 5 章　大气压介质阻挡放电表面改性
引入官能团

大气压 DBD 产生的低温等离子体与材料表面相互作用,打开材料表面化学键,引发物理化学反应,改变材料表面物理形貌和化学成分,进而调控材料表面特性。由于等离子体和材料表面的不同作用方式,等离子体材料改性有不同的方法,如通过控制等离子体成分产生各种自由基与材料表面结合形成官能团,利用等离子体中带电粒子或中性粒子轰击材料表面引起刻蚀效应,以及打开材料表面化学键形成交联。本章介绍如何在 DBD 中产生特定自由基,并在材料表面引入官能团,以及如何实现改性效果调控,在此基础上阐明 DBD 材料表面改性机理。

5.0　引　　言

大气压 DBD 产生的低温等离子体中所包含的各种活性粒子具有较高的能量与化学活性,其与材料表面进行碰撞,在电子、离子、光子以及自由基等活性粒子的作用下,材料表面发生复杂的物理化学作用,如物理刻蚀作用、引入极性基团及发生表面聚合作用。尤其 DBD 处于均匀模式时,具有功率密度适中、放电均匀、不会灼伤材料等优点,可以对材料表面进行均匀处理,在不影响材料基体性能的同时,使材料表面特性优化,提高材料的工业应用价值[1-3]。大气压 DBD 与材料表面作用机制如图 5.1 所示。

图 5.1 所示的等离子体材料表面改性是通过放电产生各种活性成分,再与材料表面反应,生成各种官能团,进而优化材料表面性能。DBD 等离子体中产生的活性成分与工作气体种类有关。在工业生产中,由于成本原因,大多采用空气作为工作气体,但是在处理某些表面均匀性要求比较高的材料时,需要在 DBD 中产生均匀的等离子体,采用 Ar 和 He 等惰性气体可降低击穿场强和空间电场畸变。但是在大气压下,惰性气体 DBD 大多只能通过碰撞材料表面引起刻蚀效应,活性粒子种类单一,化学活性有限,无法满足 DBD 材料表面改性的需求,因此研究人员通常根据实际应用领域在工作气体中添加少量反应性气体或反应媒质(如 O_2、H_2O、N_2、CO_2、CH_4、CF_4 等),在保证其他粒子作用效果的同时,在等离子体

中形成 O、OH、N、O_3、H、HO_2、F、Cl、Si、N_2^+ 等活性粒子，进一步增加等离子体化学反应活性[4,5]。这些等离子体中的活性粒子与材料表面发生物理化学反应生成—NH_2、—COOH、—OH、C—O、C—C、C=O、C—OH、Si—O—Si、Si—CH_3、O=C—O、—CHF—、—CF_2—、—CHF_3 等官能团或形成聚合膜，使材料表面亲水性、疏水性、生物相容性、黏结性、印染性、防污防雾等性能得到提升[6-10]。表 5.1 列出了几种添加物在放电空间产生的活性基团。

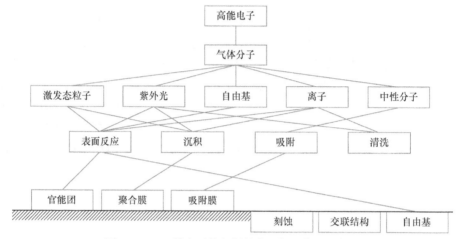

图 5.1　DBD 等离子体与材料表面相互作用示意图

表 5.1　不同添加物在放电空间产生的活性基团

改性类型	添加物	活性基团
亲水改性	O_2、H_2O、NH_3 等	O、O_3、OH、NH、NH_2
疏水改性	含硅成分：六甲基硅氧烷(HMDSO)、正硅酸乙酯(TEOS)、三甲基硅烷(TMS)等	Si、Si—O—Si、Si—CH_3、C、CN、C_2
	含 F、Cl 成分：CF_4、CCl_4、C_2F_6、SF_6 等	CF、CF_2、F、SF、Cl

5.1　介质阻挡放电自由基产生

大气压 DBD 起始阶段在电场作用下产生大量高能电子，其具有 1~10 eV 的能量。高能电子与工作气体碰撞可引发各种等离子体化学反应，产生具有不同化学活性的自由基。DBD 中等离子体化学反应类型主要分为电子碰撞电离反应、电子碰撞激发反应、碰撞解离和退激发反应、电子复合反应等，通过这些反应过程可以产生自由基。空气主要由 N_2、O_2、CO_2、H_2O 等组成，表 5.2~表 5.5 分别给出了空气 DBD 中自由基产生过程的主要反应(表中*表示激发态)。

表 5.2　电子碰撞电离反应

反应方程式	编号
$e + N_2 \longrightarrow N_2^+ + 2e$	(5-1)
$e + O_2 \longrightarrow O_2^+ + 2e$	(5-2)
$e + CO_2 \longrightarrow CO_2^+ + 2e$	(5-3)
$e + H_2O \longrightarrow H_2O^+ + 2e$	(5-4)

表 5.3　电子碰撞激发反应

反应方程式	编号
$e + N_2 \longrightarrow N_2^* + e$	(5-5)
$e + O_2 \longrightarrow O_2^* + e$	(5-6)
$e + CO_2 \longrightarrow CO_2^* + e$	(5-7)
$e + H_2O \longrightarrow H_2O^* + e$	(5-8)

表 5.4　碰撞解离反应

反应方程式	编号
$e + N_2 \longrightarrow 2N + e$	(5-9)
$e + O_2 \longrightarrow 2O + e$	(5-10)
$e + CO_2 \longrightarrow CO + O + e$	(5-11)
$e + H_2O \longrightarrow OH + H + e$	(5-12)

表 5.5　电子复合反应

反应方程式	编号
$e + O_2 \rightarrow O_2^-$	(5-13)
$e + O_2 \longrightarrow O + O^-$	(5-14)
$e + H_2O \longrightarrow OH^- + H$	(5-15)

惰性气体放电产生的活性粒子一般只与材料表面进行碰撞，产生刻蚀效应，

也可以断开材料表面化学键，但是由于缺乏活性自由基，无法在材料表面形成官能团，难以满足众多实际应用领域对处理效果的需求。因此，研究者通常根据应用需求在工作气体中添加少量反应性气体，增加等离子体化学反应活性。其中，工作气体中添加 O_2、H_2O、NH_3 等可以产生 O、OH、NH 等自由基，具有很强的氧化性，在材料表面亲水改性和材料生物相容性等方面具有极其重要的作用。涉及的主要化学反应如表 5.6～表 5.8 所示。

表 5.6　电子碰撞电离反应

反应方程式	编号
$e + Ar \longrightarrow Ar^+ + 2e$	(5-16)
$e + He \longrightarrow He^+ + 2e$	(5-17)
$e + NH_3 \longrightarrow NH_3^+ + 2e$	(5-18)

表 5.7　电子碰撞激发反应

反应方程式	编号
$e + Ar \longrightarrow Ar^* + e$	(5-19)
$e + He \longrightarrow He^* + e$	(5-20)
$e + NH_3 \longrightarrow NH_3^* + e$	(5-21)

表 5.8　碰撞解离反应

反应方程式	编号
$e + NH_3 \longrightarrow NH_2 + H + e$	(5-22)
$e + NH_3 \longrightarrow NH + 2H + e$	(5-23)
$Ar^* + H_2O \longrightarrow H + OH + Ar$	(5-24)
$Ar^* + O_2 \longrightarrow 2O + Ar$	(5-25)
$He^* + H_2O \longrightarrow H + OH + He$	(5-26)
$He^* + O_2 \longrightarrow 2O + He$	(5-27)

通过测量含 O_2、H_2O、NH_3 等反应性气体的 DBD 发射光谱，可以观测到相应的 O、OH、NH 等自由基激发态的发射光谱。图 5.2 列出了氩气 DBD 中添加水蒸气后的发射光谱图，可以看到图中除了氩原子激发态的发射谱线，还可以观测到 OH 自由基的发射谱线。

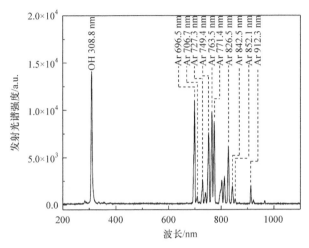

图 5.2　氩气含水蒸气 DBD 发射光谱图

氮气由于价格便宜，在工业中具有应用价值，也是一种重要的 DBD 工作气体。氮气可以产生 N 自由基，与材料表面作用形成含 N 基团[11,12]。为增加氮气 DBD 活性，也可以在其中添加 O_2、H_2O 等反应性气体，产生 O、OH 等自由基，在材料表面形成相应基团，改变材料性能。涉及的主要化学反应已在空气 DBD 中描述。通过测量含 O_2、H_2O 等反应性气体的 DBD 发射光谱，可以观测到相应的 O、OH 等自由基激发态的发射光谱。图 5.3 列出了氮气 DBD 中添加水蒸气后的发射光谱图，可以看到图中除了氮分子激发态的发射谱线，还可以观测到氮分子离子和 NO、OH 自由基的发射谱线。

材料表面疏水改性时，往往在工作气体中添加含 F 和含 Si 媒质，在材料表面引入—CHF—、—CF_2—、—CHF_3、Si—CH_3、Si—H、Si—O—Si 等含 F 和含 Si 非极性基团或 $SiC_xH_yO_z$ 薄膜，从而使得材料表面水接触角增大，提高材料表面疏水性[13]。通常添加的前驱物有 CF_4、HMDSO、聚二甲基硅氧烷(PDMS)、TMS 等。三种典型的含 Si 疏水性前驱物的分子结构如图 5.4 所示。

当疏水性前驱物加入后，放电过程中主工作气体在高压电场下电离产生的高能电子、多种激发态的氩原子等，同这些前驱物单体发生碰撞电离反应，生成相应的含 F 和含 Si 非极性自由基。表 5.9、表 5.10 给出了 HMDSO、TMS、CF_4 在氩气 DBD 等离子体中所发生的主要反应方程。

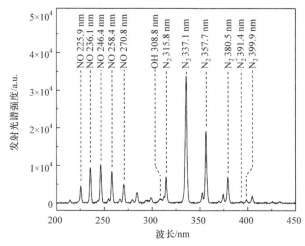

图 5.3　氮气含水蒸气 DBD 发射光谱图

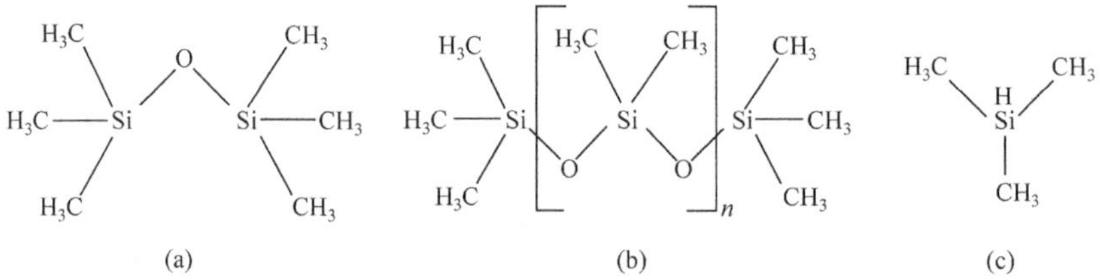

图 5.4　三种典型疏水性添加物的分子结构图

(a) HMDSO；(b) PDMS；(c) TMS

表 5.9　电子碰撞解离反应

反应方程式	编号
$(CH_3)_3SiOSi(CH_3)_3 + e \longrightarrow (CH_3)_3SiOSi(CH_3)_2 + CH_3 + e$	(5-28)
$(CH_3)_3SiOSi(CH_3)_3 + e \longrightarrow (CH_3)_3SiO + Si(CH_3)_3 + e$	(5-29)
$SiOSi + e \longrightarrow SiO + Si + e$	(5-30)
$e + CF_4 \longrightarrow CF_3 + F + e$	(5-31)
$e + CF_4 \longrightarrow CF_2 + 2F + e$	(5-32)
$e + CF_4 \longrightarrow CF + 3F + e$	(5-33)

表 5.10　碰撞解离反应

反应方程式	编号
$(CH_3)_3SiOSi(CH_3)_3 + Ar^* \longrightarrow (CH_3)_3SiOSi(CH_3)_2 + CH_3 + Ar$	(5-34)
$(CH_3)_3SiOSi(CH_3)_3 + Ar^* \longrightarrow (CH_3)_3SiO + Si(CH_3)_3 + Ar$	(5-35)
$ne + Si(CH_3)_4 \longrightarrow Si(CH_3)_{4-n} + nCH_3 + ne \quad n = 1,2,3,4$	(5-36)
$nAr^* + Si(CH_3)_4 \longrightarrow Si(CH_3)_{4-n} + nCH_3 + nAr \quad n = 1,2,3,4$	(5-37)
$Ar^* + CF_4 \longrightarrow CF_3 + F + Ar$	(5-38)
$Ar^* + CF_4 \longrightarrow CF_2 + 2F + Ar$	(5-39)

从等离子体中所发生的主要反应可以看出，当 DBD 等离子体中添加疏水性前驱物时，高能电子或激发态氩原子与前驱物碰撞产生含 F 和含 Si 非极性自由基。但是，前驱物含量过多时，消耗了大量高能电子和激发态氩原子，放电减弱。在 DBD 等离子体中，通过控制反应气体和前驱物，可以产生不同自由基，当等离子体与材料表面相接触时，在电子、离子、光子以及自由基等活性粒子的作用下，材料表面发生各种复杂的物理化学反应[14]。

5.2　材料表面官能团引入

材料表面改性主要是等离子体中活性自由基与材料表面反应，形成官能团，改变材料表面性能[15]。因此，该过程与产生等离子体活性自由基的反应性气体密切相关[16,17]。例如，在进行聚合物材料表面改性时，当含氧或含氮反应性气体混入惰性工作气体产生等离子体时，生成的活性粒子与材料表面自由基结合，将羟基、羰基、羧基、氨基等官能团引入聚合物分子链[16]。经含氧等离子体处理的聚合物，其表面氧碳元素含量之比明显提高[18]，而经含氟等离子体处理的聚合物表面会被氟化，表现为氟碳元素含量之比大大提高。一般来说，含氧等离子体、含水等离子体以及含氮等离子体可以在聚合物表面引入大量亲水性极性基团，提高材料表面亲水性，从而大大改善其与其他材料的黏结强度、可印刷性、生物相容性等[19]。含氟等离子体通过引入含氟官能团则可提高材料表面疏水性[20,21]。

5.2.1　亲水性官能团引入

材料表面亲水改性是目前材料表面优化的重要方向之一，例如，一些聚合物材料(聚对苯二甲酸乙二醇酯(PET)、聚酰胺(PA)、聚四氟乙烯(PTFE)、聚丙烯(PP)、聚甲基丙烯酸甲酯(PMMA)等)具有优良的机械性能、电气性能和耐化学腐蚀性能，广泛应用于医学、电工、电子和包装等工业领域。但该类材料分子结构高度对称，结晶度高且不含活性基团，导致其表面能很低，表面亲水性差，限制了其在黏结、涂覆、印刷、印染、生物相容等方面的应用。DBD在材料表面引入亲水性官能团，可以提高材料表面亲水性[22]。将含氧气体混入DBD工作气体，可以在等离子体中生成大量含氧自由基；同时活性粒子撞击材料表面使化学键被打开形成大分子自由基，与含氧自由基相结合，生成亲水性官能团。上述反应过程如式(5-40)~式(5-43)所示。

(1) 受紫外光的作用：

$$RH \longrightarrow R\cdot + H\cdot \ (紫外照射) \tag{5-40}$$

(2) 与激发态的原子或分子反应(以He工作气体为例)：

$$RH + He^* \longrightarrow R\cdot + H\cdot + He \ (或 RH + He) \tag{5-41}$$

(3) 与反应过程中生成的氢自由基反应：

$$RH + H \longrightarrow R\cdot + H_2 \tag{5-42}$$

(4) 与氧自由基反应(等离子体氧化)：

$$RH + O\cdot \longrightarrow R\cdot + OH\cdot \ (或 R\cdot + H\cdot + O_2) \tag{5-43}$$

以上各式中，RH表示聚烯烃类碳氢高分子；R·表示在高分子材料表面生成的自由基；He*表示激发态的氦原子。除了上述反应之外，大分子自由基之间重新结合而形成一层致密的网状交联层[23]。例如，用He等离子体处理高分子材料聚乙烯表面时，使表面产生交联结构的反应，如表5.11所示。这表明高分子材料表面形成了交联结构，且在反应过程中有双键形成，从而能对材料的力学性质、表面性能改善起重要作用。因此，交联反应通常发生在含惰性气体的反应气体中，这种用惰性气体放电处理来获得表面交联层的方法称为 CASING(crossing with activated species of inert gases)处理。

表5.11　产生交联结构的反应

反应方程式	编号
$-CH_2CH_2- + He^* \longrightarrow -CH_2C\cdot H- + H\cdot + He$	(5-44)
$-CH_2C\cdot H- + H \longrightarrow -CH=CH- + H_2$	(5-45)
$2-CH_2C\cdot H- \longrightarrow \begin{array}{c} -CH_2-CH- \\ \mid \\ -CH_2-CH- \end{array}$	(5-46)

以纳秒脉冲电源驱动空气丝状 DBD 和均匀 DBD 处理聚合物绝缘材料 PET 为例，空气中的 O_2、H_2O、CO_2 等含氧气体分子在等离子体中生成的自由基与 PET 材料表面反应生成亲水性官能团。采用 XPS 分析改性前和丝状 DBD、均匀 DBD 各处理 8 s 后的 PET 材料化学成分，获得改性前后 PET 表面各元素的原子分数，如表 5.12 所示。可以看出，DBD 改性后，C1s 峰均降低，O1s 峰、N1s 峰和氧碳比均提高。

表 5.12　改性前后 PET 表面元素原子分数

化学元素	原子分数/%		
	未处理	丝状 DBD	均匀 DBD
C1s	70.4	67.8	63.5
O1s	29.3	30.9	35.0
N1s	0.26	1.17	1.46
O/C	41.6	45.6	55.2

图 5.5 给出了改性前后 C1s 谱曲线分峰后不同基团的原子分数。根据不同结合能，C1s 峰可分为 284.7 eV、286.2 eV 和 288.8 eV，分别对应 C—C、C—O、O—C=O 三种基团，可以观察到 DBD 改性后 C—C 基团减少，而 C—O 和 O—C=O 基团增加。均匀 DBD 改性后 O—C=O 基团增加比丝状 DBD 改性的结果多。此外，N1s 分数稍有增加，这并不是由含氮基团的引入导致的，而是 XPS 分析中基底的少量氮导致的。由于 C—C 和 C—O 化学键的打开，改性后的 C—C 基团含量减小，而 C—O 基团虽然被打开，但能重新与含氧自由基结合成 C—O 基团，因此含量有所增加。

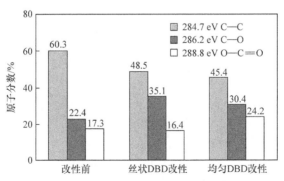

图 5.5　XPS 结果中 C1s 中不同基团的原子分数

5.2.2　疏水性官能团引入

疏水改性常采用含硅或含氟的反应气氛来生成相应自由基，并在材料表面产生疏水性官能团来提升疏水性。本节以 PMMA 为对象介绍疏水性官能团引入的方法[24]。实验准备了三组 10 cm×10 cm×2 mm 大小的 PMMA 材料，并依次采用丙酮、酒精、去离子水、超声波对表面进行清洗。第一组作为未处理样品进行表面特性测量；第二组在 PMMA 表面涂覆一层硅油，在放电间隙距离 2 mm、放电电压幅值 40 kV、脉冲重复频率 250 Hz 的实验条件下处理 300 s，作为硅油处理样品进行表面特性测试；第三组在放电间隙距离 2 mm、放电电压幅值 40 kV、前驱物 CF_4 流量 3 L/min、脉冲重复频率 500 Hz 的实验条件下处理 300 s，作为 CF_4 处理样品进行表面特性测试。

通过 XPS 对材料表面化学元素以及其存在形式进行定量分析。图 5.6(a)中未处理的 PMMA 材料表面主要有 C1s 峰和 O1s 峰。图 5.6(b)中经过硅油处理后除了 C1s 峰和 O1s 峰，在材料表面新引入了 Si2p 峰和 Si2s 峰。由图 5.6(c)可以看出，经过 CF_4 疏水处理后除了 C1s 峰和 O1s 峰外，在材料表面新引入了 F1s 峰。

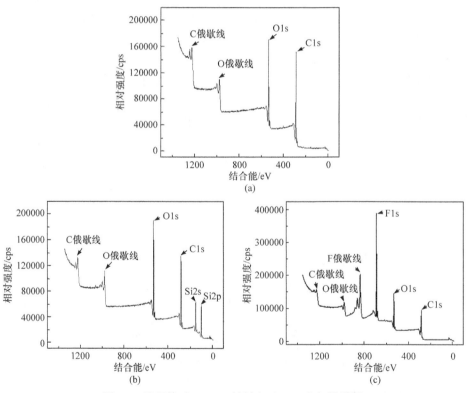

图 5.6　处理前后 PMMA 材料表面 XPS 全扫描谱图

图 5.7 所示是处理前后 PMMA 材料表面各元素的原子分数对比，定量地给出

了 XPS 分析得到 C、O、Si 和 F 四种元素在材料表面的原子分数。其中，未处理的材料表面元素原子分数中 C 为 74.44%，O 为 23.72%；硅油改性处理后，材料表面元素原子分数中 C 为 47.33%，O 为 24.14%，此外新增加的 Si 元素在材料表面的原子分数达到 27.53%；经过 CF_4 改性处理后，材料表面元素原子分数中 C 为 60.8%，O 为 18.39%，新增加的 F 元素在材料表面的原子分数为 20.5%。XPS 的分析结果说明改性处理后在 PMMA 材料表面形成了含 Si 或含 F 的新的化学基团。

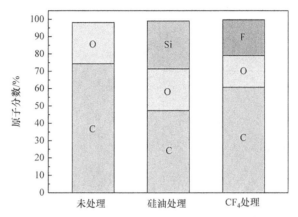

图 5.7　处理前后 PMMA 表面各元素的原子分数

图 5.8 给出了处理前后 PMMA 表面 C1s 峰和 O1s 峰分峰结果。从图中可以看出，未处理材料表面 C1s 峰主要包括 C—C、C—O、O—C=O 等基团，O1s 峰主要包括 O=C、O—C 等基团；硅油处理后 C1s 峰只包含 C—C 基团，O1s 峰则由新的 O—Si 基团组成；CF_4 处理后 C1s 峰除了包含 C—C、C—O、O—C=O 等基团外，还引入了新的 C—F、C—CF_n 基团，O1s 峰的组成仍是 O=C、O—C 等基团。表 5.13 给出了处理前后 PMMA 表面可能含有的基团及其原子分数。

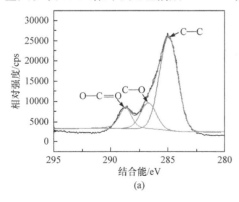

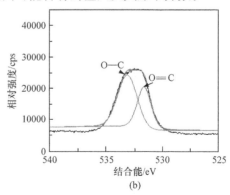

(a)　　　　　　　　　　　　(b)

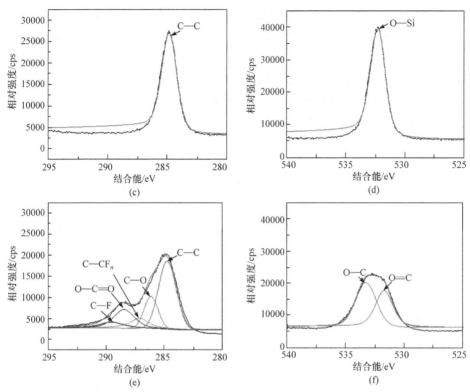

图 5.8　处理前后 PMMA 表面 C1s 峰和 O1s 峰精确扫描谱图及分峰结果

(a) 未处理 C1s 峰；(b) 未处理 O1s 峰；(c) 硅油处理 C1s 峰；(d) 硅油处理 O1s 峰；(e) CF$_4$ 处理 C1s 峰；
(f) CF$_4$ 处理 O1s 峰

表 5.13　处理前后 PMMA 材料表面可能含有的基团及其原子分数

峰	编号	峰位/eV	可能的基团	原子分数/%		
				未处理	硅油处理	CF$_4$ 处理
C1s	C1	284.6	C—C	69.6	100	45.3
	C2	284.9	C—Si			
	C3	286.6	C—O	17.9		17.4
	C4	287.1	C—CF$_n$			10.9
	C5	288.6	O—C=O	12.5		18.5
	C6	289.5	C—F			7.9
O1s	O1	531.6	O=C	39.3		44.2
	O2	532.3	O—Si		100	
	O3	533.1	O—C	60.7		55.8

图 5.9 分别给出了疏水改性处理前后 PMMA 材料表面粗糙度三维视图,图中显示的少量白点为材料表面杂质。从图中可以看出,改性处理前材料表面相对比较光滑,凸峰数量很少,平均高度也比较低;经过硅油和 CF4 疏水改性处理后,材料表面凸峰数量和高度都有了较大的增加,具体粗糙度参数变化如表 5.14 所示。对比硅油和 CF4 改性效果可以发现,CF4 改性处理后材料表面粗糙度增加幅

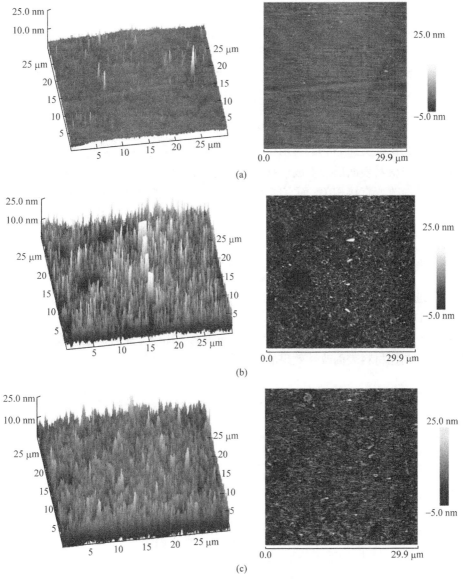

图 5.9　PMMA 处理前后表面三维视图和微观样貌

(a) 处理前; (b) 硅油处理后; (c) CF4 处理后

度更大且分布更加均匀，这是因为在 CF_4 氛围中进行改性，低温等离子体能够直接对材料表面进行作用，而在硅油改性实验中，等离子体对材料表面作用受到硅油的影响，作用强度和均匀程度都有所降低。

表 5.14　改性前后 PMMA 材料表面粗糙度参数

处理方式	算数平均粗糙度 R_a/nm	均方根粗糙度 R_q/nm
未处理	0.67	0.92
硅油处理	2.73	3.79
CF_4处理	4.41	5.37

5.3　材料表面改性效果调控

由 5.1 节和 5.2 节可知，DBD 改性处理后的材料表面官能团主要由等离子体中自由基与材料表面反应生成。材料表面化学测试表明，引入的官能团数量与材料表面性能改变直接相关，而官能团的产生及其与材料表面的结合由等离子体特性决定。因此可以通过调控 DBD 参数，优化等离子体中自由基生成过程，促进材料表面生成官能团，达到提升 DBD 材料表面改性效果的目的。

5.3.1　亲水改性效果调控

通过图 5.10 中的实验装置，利用高频交流和纳秒脉冲两种电源驱动氩气和氩/水混合 DBD 对 PP 材料表面进行改性处理，通过两种电源驱动 DBD 的发射光谱测量，优化水蒸气含量，建立水蒸气含量与等离子体中 OH 自由基生成量的关系，达到优化调控材料表面改性效果的目的[25]。

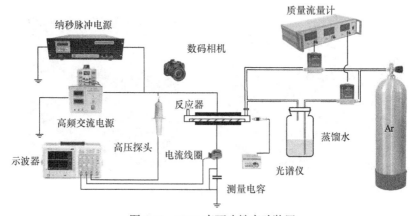

图 5.10　DBD 表面改性实验装置

图 5.11 给出了高频交流电源、纳秒脉冲电源驱动的 DBD 在纯氩条件下，波长范围 250～900 nm 的发射光谱图。从图中可看出，两种电源驱动下 DBD 发射光谱的特征峰相同，Ar 原子发射谱线主要集中在 690～900 nm 的波长范围内，纯氩条件放电时，也有少量杂质气体，因此还出现了氮分子谱线(337.1 nm、357.7 nm、389 nm)、OH 谱线(308.8 nm)。可以看出，纳秒脉冲电源驱动 DBD 的谱线强度均高于高频交流电源，以 OH 谱线(308.8 nm)为例，纳秒脉冲 DBD 中的谱线强度为高频交流的 1.6 倍。而光谱强度间接反映了放电空间产生活性粒子密度的大小，表明采用纳秒脉冲驱动 DBD 可以产生更多的 OH 自由基。

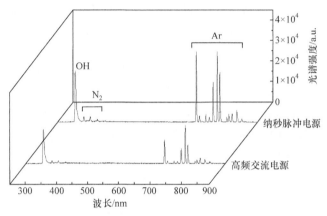

图 5.11　不同电源激励 DBD 的发射光谱

图 5.12 给出了高频交流 DBD 和纳秒脉冲 DBD 中 OH 谱线强度随水蒸气含量变化的曲线。可以看出，随着水蒸气含量的增加，两种电源驱动条件下的 OH

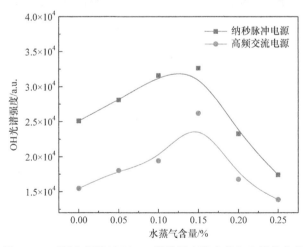

图 5.12　不同电源激励下 OH 谱线强度随水蒸气含量的变化

谱线强度均有一定程度的增加，在水蒸气含量为 0.15 % 时出现最大值。而随着水蒸气含量的进一步增加，两种电源驱动的 DBD 中 OH 谱线强度均明显减小[25]。

在氩气 DBD 中添加少量水蒸气时，放电空间的水分子含量增大，促进 OH 自由基的生成；当过量水蒸气添加时，由于水分子具有电负性，导致电子被吸附，放电强度减弱，致使 OH 自由基减少。不同水蒸气含量下，由于这两种反应过程的竞争机制，OH 谱线强度呈现不同变化规律。当水蒸气含量较小时，高能电子和激发态 Ar 与水分子碰撞，使其被解离产生 OH 的反应是主要反应过程，所以此时 OH 谱线强度随着水蒸气含量的增加而增加。而当水蒸气含量达到一定量后，水分子的电负性会导致大量电子被吸附，且水分子对激发态 OH 有一定的猝灭作用，所以当水蒸气含量大于 0.15 % 后，OH 谱线强度开始明显减小。由于 OH 自由基是亲水基团，在材料表面亲水改性方面有着重要的作用。因此，本节选取水蒸气含量为 0.15 % 作为材料改性的实验条件，用于 PP 材料亲水改性的处理实验。

采用纯氩气和水蒸气比例为 0.15 % 的氩水混合气体，利用高频交流电源和纳秒脉冲电源激励 DBD 对 PP 材料表面进行处理，以提高其表面亲水性。图 5.13 给出了两种电源驱动 DBD 在不同气氛条件下处理 PP 材料的表面水接触角随处理时间的变化趋势。从图中可以看出，材料处理 10 s 后，不同处理条件下 PP 材料表面静态水接触角均有明显的下降，表明 DBD 处理能使 PP 材料表面的亲水性快速增加。处理 20 s 后，改性效果变化不明显，PP 材料表面静态水接触角在小范围内波动，即处理效果达到饱和值。对比不同气氛条件可以看出，水蒸气添加使水接触角下降更加明显，即加入适量水蒸气可使亲水性的效果更好。对比不同电源的结果，可以看出，处理效果达到饱和后，纳秒脉冲 DBD 的 PP 材料表面水接触角更小，且纳秒脉冲 DBD 处理后的材料表面水接触角的波动明显小于高频交流 DBD。

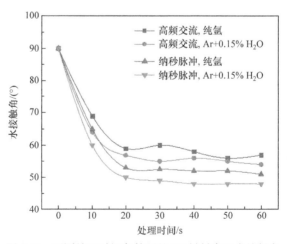

图 5.13　不同处理时间条件下的 PP 材料表面水接触角

对未处理和不同条件下 DBD 处理 30 s 后的 PP 材料表面进行 FTIR 分析, 研究 DBD 处理对 PP 材料表面化学成分的影响。图 5.14 给出了未处理的 PP 材料 FTIR 谱图, 可以看出, 在 3000~2800 cm^{-1} 呈现出四个较为强烈的吸收峰, 其中 2952 cm^{-1} 和 2868 cm^{-1} 处分别是 CH_3 的不对称和对称拉伸振动的吸收峰, 而 2920 cm^{-1} 和 2840 cm^{-1} 处的吸收峰, 分别对应于 CH_2 的不对称和对称拉伸振动。此外, 在 1460 cm^{-1} 和 1378 cm^{-1} 处也有两个较为强烈的吸收峰, 分别对应于 CH_3 不对称和对称变形振动。

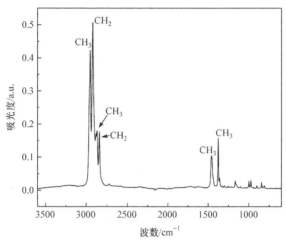

图 5.14　未处理的 PP 材料 FTIR 谱图

如图 5.15 所示, 对比未处理的 PP 材料 FTIR 谱图, 不同条件的等离子体处理后, PP 材料的 FTIR 谱图出现了新的吸收峰, 其中, 在 3620~3300 cm^{-1} 之间较宽的吸收峰, 对应于 OH 的拉伸振动, 而 1738 cm^{-1} 处的吸收峰, 则对应于 C═O 的伸缩振动。结果表明, 经过 DBD 处理, PP 材料的表面生成了—OH 和 C═O 等亲水基团。此外, 从图中还可以看出, 不同驱动电源和气氛条件下, FTIR 谱图的峰型及峰宽基本相似, 主要的吸收峰并没有明显的峰型、峰位改变。表明该实验条件下, 驱动电源和工作气体条件的变化, 并不会明显改变 PP 材料表面化学基团种类。

采用纳秒脉冲电源驱动 DBD 可以产生更多的 OH 自由基等活性粒子, 在相同条件下, 纳秒脉冲 DBD 中的 OH 谱线强度为高频交流的 1.6 倍; 另一方面, DBD 处理后的 PP 材料表面生成了亲水性含氧基团、—OH 和 C═O, 表明 PP 表面物理形态和化学成分的变化是影响其亲水性能的重要因素。而采用纳秒脉冲 DBD 处理后的亲水改性效果明显好于交流 DBD, 其水接触角更小, 表面粗糙度更大。随着水蒸气含量的增大, 两种电源驱动 DBD 的放电强度明显降低。同时，水蒸气的添加使得 DBD 处理后的水接触角下降更加明显，材料表面粗糙度更高，因此在工作气体中添加水蒸气是提高 DBD 材料亲水改性效果的有效途径之一。

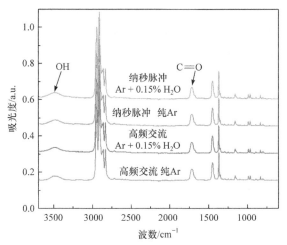

图 5.15　不同条件下 PP 材料的 FTIR 谱图

5.3.2　疏水改性效果调控

本节以 CF₄ 气氛中纳秒脉冲 DBD 改性 PMMA 为例，介绍疏水性基团改性效果调控方法[26]。CF₄ 是目前物理微电子工业中用量最大的等离子体刻蚀气体，被广泛应用于硅、二氧化硅、氮化硅及钨等薄膜材料的刻蚀。由于在 CF₄ 气氛中进行纳秒脉冲 DBD 疏水改性实验需要隔离外界大气环境，反应在密闭环境中进行，搭建的实验装置如图 5.16 所示。

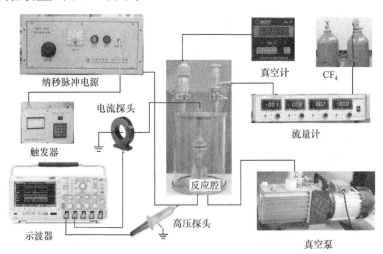

图 5.16　大气压 CF₄ 气氛中疏水改性实验装置实物图

改性时，设置放电间隙距离为 2 mm，驱动电压幅值为 40 kV，脉冲重复频率为 500 Hz，在充满 CF_4 气氛的情况下放电。由于 CF_4 的绝缘强度较高，所以同等电压作用下的放电强度要比空气中弱，单个脉冲放电的能量约为 5.6 mJ。由于圆形不锈钢电极直径为 5 cm，电极面积为 19.6 cm^2，所以每个脉冲放电作用在介质表面的能量密度为 0.29 mJ/cm^2。脉冲重复频率是 500 Hz，也就是每秒有 500 个脉冲放电，所以平均放电功率密度为 0.14 W/cm^2，同样远小于同等条件下高频交流 DBD 的功率密度，可以避免对材料表面的热损伤。

由于实验是在流动的 CF_4 气氛中进行的，所以首先研究 CF_4 流量对于疏水改性效果的影响。实验中，CF_4 流量从 0.5 L/min 开始增加直到疏水改性效果不再变化。图 5.17 给出了处理后 PMMA 材料表面水接触角以及表面能随 CF_4 流量的变化规律。图中可见，在 CF_4 流量低于 1.0 L/min 时，改性后的 PMMA 表面水接触角要低于改性处理前。当 CF_4 流量增加到 1.5 L/min 时，改性后 PMMA 表面水接触角才高于改性处理前，此后随着气流量的增加疏水效果不断增强，当 CF_4 流量增加到 3.0 L/min 时，疏水改性效果达到最佳，继续增加气流量改性效果不再有改善。这是由于 CF_4 流量的大小直接关系到放电等离子体中疏水性基团的数量，当气流量较小时，放电产生的等离子体中疏水性基团比较少，与材料表面自由基结合后形成的疏水性分子也较少，对材料表面能影响不大。随着 CF_4 流量的增加，等离子体中的疏水性基团越来越多，与材料表面自由基结合后形成的疏水性分子也不断增加，材料表面能不断减小，表现出 PMMA 材料表面水接触角随着气流量的增加而提高。虽然随着气流量的增加等离子体中的疏水性基团不断增多，但是材料表面能够参与反应的自由基数量是有限的，达到一定程度后，材料表面形成的疏水性基团不会继续增多，此时疏水改性效果达到最佳状态，继续增加 CF_4 流

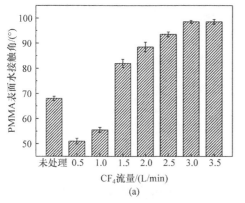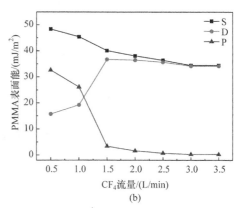

图 5.17　处理后 PMMA 表面水接触角和表面能随 CF_4 流量的变化

(S 表示表面能，D 表示(表面能的)色散分量，P 表示(表面能的)极性分量)

(a) 表面水接触角变化；(b) 表面能变化

量不再对改性效果产生影响。图 5.17(b)给出了相应的 PMMA 表面能变化规律，从图中可以看出，在 CF₄ 流量较低的时候，改性处理后材料表面能高于改性处理前，随着 CF₄ 流量的增加，表面能不断降低，降低到一定程度后不再随气流量的增加而变化。

　　为了获得最优处理条件，研究处理时间对疏水改性效果的影响规律，如图 5.18 所示。实验中，放电间隙距离设为 2 mm，脉冲电压幅值设为 40 kV，放电重复频率设为 500 Hz，前驱物 CF₄ 流量设为 3.0 L/min。处理时间低于 200 s 时，改性后材料表面水接触角降低，处理时间达到 250 s 时改性后材料表面水接触角达到最大，继续增加处理时间改性效果不再改变。在 CF₄ 气氛下处理时间较短会呈现出亲水效果，且处理时间过长不会使改性效果降低。这是因为，固定的频率意味着单位时间内产生的活性粒子是一定的，在处理时间较短的情况下，等离子体中活性粒子的数量较少，此时材料表面主要是受到等离子体刻蚀的作用，表面粗糙度增加，同时表面能会略有上升，表现出材料表面水接触角的降低。当处理时间增加时，放电等离子体中有更多的活性粒子与材料表面自由基结合形成疏水性分子结构，材料表面能降低，表面水接触角提高。当处理时间足够长后，继续增加处理时间不会使改性后材料表面水接触角继续提高，这是因为材料表面能够被打开形成的自由基都已与疏水性基团发生反应。由于被处理材料一直处在 CF₄ 气氛中，不会受到空气中含氧基团的影响，即使处理时间过长也不会使得改性效果降低。

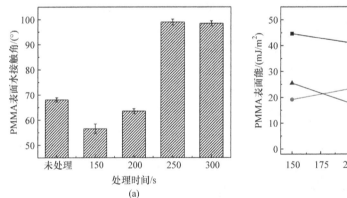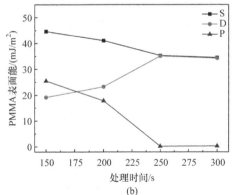

图 5.18　处理后 PMMA 表面水接触角和表面能随处理时间的变化

(S 表示表面能，D 表示(表面能的)色散分量，P 表示(表面能的)极性分量)

(a) 表面水接触角变化；(b) 表面能变化

　　使用 DBD 在含 CF₄ 和氩气的混合气体中放电产生等离子体，同样可以在材料表面引入含氟官能团，从而达到提高材料表面疏水性的目的。利用微秒脉冲电源驱动 Ar 与 CF₄ 混合气体 DBD，改性所用 PMMA 材料厚度为 2 mm，面积为 50 mm×50 mm。调节电压峰值为 20～30 kV，重复频率为 1000～3000 Hz，Ar 流

量为 4 L/min，CF₄ 流量为 0.4 L/min，处理时间为 10 s，水接触角随功率密度的变化
如图 5.19 所示。可以看出，疏水改性效果随功率密度的增大而逐渐增加。实验中
当电压峰值为 30 kV，重复频率为 3 kHz 时，可以得到疏水改性最佳的水接触角 104°。

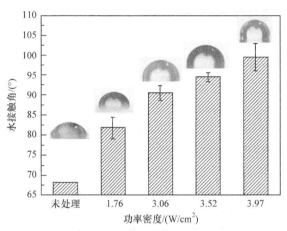

图 5.19　不同功率密度下的疏水处理效果

对未处理的 PMMA 样品、处理时间分别为 3 s 和 10 s 的样品进行 XPS 测试，
表面所含 O 元素和 F 元素的原子分数如图 5.20 所示。在改性最初的 3 s 阶段，极
少量(0.23%)的 F 结合到材料表面，而 O 原子分数则由 24%增加到 26%。改性 10 s 的
阶段，F 原子分数大幅增加，而 O 原子分数减小到 21%。元素含量的变化趋势说
明疏水改性初期，先在材料表面生成含氧亲水基团，导致材料表面呈现弱亲水性，
疏水改性后期，大量的 F 元素结合到材料表面，而含氧基团减少，使材料表面呈
现疏水性。

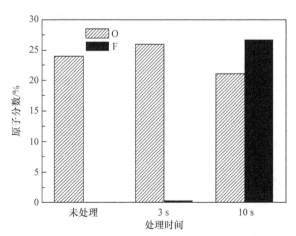

图 5.20　表面元素原子分数随处理时间的变化趋势

5.4　大气压介质阻挡放电材料表面改性机理

5.4.1　介质阻挡放电材料表面亲水改性机理

DBD 材料表面改性是等离子体与材料表面相互作用的过程,该过程包括物理和化学两个方面,一方面放电空间中存在大量种类繁多的活性粒子,其与材料表面碰撞,打开表面的化学键,并形成深浅程度不同的沟壑,改变材料表面形貌产生刻蚀效果;另一方面材料表面打开的化学键发生交联,或者与 DBD 中活性粒子作用引入一些新的基团,从而改变表面化学成分。材料表面物理形貌和化学成分的改变进而导致材料表面性能的变化。因此,分析 DBD 等离子体与材料表面作用的机理可以从两方面入手:一方面产生的活性粒子与高分子材料表面的物理刻蚀作用过程;另一方面 DBD 中活性粒子与材料表面的化学相互作用过程。

在 DBD 材料表面亲水改性过程中,DBD 中活性粒子与材料表面发生刻蚀反应,导致材料表面变得粗糙。根据杨氏方程[27]和 Wenzel 接触角模型[28],材料表面粗糙度增加可以显著增加材料亲水性。DBD 中的大量高能电子(1～10 eV)以及活性粒子,可以与材料表面发生化学反应。如 PP 材料中 C—C 键和 C—H 键的键能分别为 3.6 eV 和 4.3 eV,DBD 中高能电子以及活性粒子可以有效地破坏 C—C 键和 C—H 键,导致其键断裂,从而生成大量的小分子碎片和大分子自由基 R·。一方面,这些大分子自由基 R· 互相之间会进行交联反应,在 PP 材料表面产生交联层。另一方面,这种断键作用会在 PP 材料表面产生大量的活性点位,并与 DBD 中的 O、OH、O_3 等活性粒子在材料表面发生接枝反应,形成 C—O、C=O/O—C—O、O—C=O 等含氧极性基团,增加材料表面亲水性。图 5.21 为材料表面亲水改性示意图,包含了 DBD 对材料表面物理和化学作用过程。

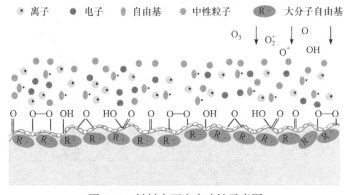

图 5.21　材料表面亲水改性示意图

5.4.2　介质阻挡放电材料表面疏水改性机理

当材料表面化学键被打开后，通过在材料表面引入疏水性基团，能够降低材料表面能，提高水接触角。以 PMMA 材料为例，当其表面化学键(C—C、C—O 等)被打开后，表面形成大分子自由基 R·，在表面引入疏水性基团[29]，可能的产生方式如下：

$$\left[CH_2-\underset{\underset{O}{\overset{\displaystyle\overset{CH_3}{|}}{\underset{\displaystyle C-O-CH_3}{|}}}{C}}\right]_n \xrightarrow{e} \left[CH_2-\underset{\underset{O}{\overset{\displaystyle\overset{CH_3}{|}}{\underset{\displaystyle C-O-CH_3}{|}}}{C}}\right]_n + \quad -CH_3$$

$$(5\text{-}47)$$

$$\left[CH_2-\underset{\underset{O}{\overset{\displaystyle\overset{CH_3}{|}}{\underset{\displaystyle C-O-CH_3}{|}}}{C}}\right]_n \xrightarrow{e} \left[CH_2-\overset{\displaystyle\overset{CH_3}{|}}{\underset{\displaystyle |}{C}}\right]_n + \quad \underset{O}{\overset{}{C}}-O-CH_3$$

$$(5\text{-}48)$$

$$\left[CH_2-\underset{\underset{O}{\overset{\displaystyle\overset{CH_3}{|}}{\underset{\displaystyle C-O-CH_3}{|}}}{C}}\right]_n \xrightarrow{e} \left[CH_2-\underset{\underset{O}{\overset{\displaystyle\overset{CH_3}{|}}{\underset{\displaystyle C-O-}{|}}}{C}}\right]_n + \quad -CH_3$$

$$(5\text{-}49)$$

$$\left[CH_2-\underset{\underset{O}{\overset{\displaystyle\overset{CH_3}{|}}{\underset{\displaystyle C-O-CH_3}{|}}}{C}}\right]_n \xrightarrow{e} \left[CH_2-\underset{\underset{O}{\overset{\displaystyle\overset{CH_3}{|}}{\underset{\displaystyle C-}{|}}}{C}}\right]_n + \quad -O-CH_3$$

$$(5\text{-}50)$$

当采用硅油处理时，空气 DBD 等离子体中主要包括电子、O、O_3、NO_x 以及亚稳态等粒子。在等离子体处理时，这些粒子使硅油分子充分裂解，断裂生成许多断链硅氧烷小分子(式(5-51))，这些具有疏水性的小分子被引入到 PMMA 表面形成硅氧基团(Si—C 和 Si—O 等)，从而显著提高 PMMA 表面的疏水性[30]。

$$CH_3-\underset{\underset{CH_3}{|}}{\overset{\overset{CH_3}{|}}{Si}}-O\left[\underset{\underset{CH_3}{|}}{\overset{\overset{CH_3}{|}}{Si}}-O\right]_n\underset{\underset{CH_3}{|}}{\overset{\overset{CH_3}{|}}{Si}}-CH_3 \xrightarrow{e} -\underset{\underset{CH_3}{|}}{\overset{\overset{CH_3}{|}}{Si}}-O\left[\underset{\underset{CH_3}{|}}{\overset{\overset{CH_3}{|}}{Si}}-O\right]_n\underset{\underset{CH_3}{|}}{\overset{\overset{CH_3}{|}}{Si}}-CH_3 + -CH_3$$

$$(5-51)$$

此外，硅油覆盖在材料表面，可以隔绝空气中的氧气与 PMMA 表面的接触，从而减少极性基团与材料表面的引入。

当采用 CF_4 处理时，其具有强氟化作用和相对温和的刻蚀作用，放电主要包括电离和自由基的形成，发生的反应如下：

$$CF_4 + e \longrightarrow CF_3^+ + F \cdot + e \tag{5-52}$$

$$CF_4 + e \longrightarrow \cdot CF_3 + F \cdot + e \tag{5-53}$$

$$CF_4 + e \longrightarrow \cdot CF_2 + 2F \cdot + e \tag{5-54}$$

$$CF_4 + e \longrightarrow \cdot CF + 3F \cdot + e \tag{5-55}$$

可见，在等离子体反应中主要存在的活性基团是 $\cdot CF_3$、$\cdot CF_2$、$\cdot CF$，所需能量依次升高[31]，CF_4 在等离子体中碰撞电离也会产生 CF_3^-，但其含量极低，比例不到 F^- 的 10%[32]：

$$CF_4 + e \longrightarrow CF_3^- + F \tag{5-56}$$

当采用 CF_4/Ar 处理时，在 Ar 等离子体中，还会生成电子、辐射紫外光和激发态 Ar^* 等活性粒子，这些活性粒子与材料表面反应，打断原有化学键，引入官能团，主要反应过程如式(5-57)、式(5-58)所示[33]：

$$Ar^* + F^- \longrightarrow Ar + F \tag{5-57}$$

$$Ar^* + CF_3^- \longrightarrow Ar + CF_3 \tag{5-58}$$

CF_4 在 PMMA 表面疏水改性过程中，起重要作用的是裂解和电离产生的 F 原子。聚合物材料表面的 H 键容易被打断[34]，氟化实际上是 C—F 化学键替代 C—H 键的过程。PMMA 的分子式如图 5.22 所示，主链外连接烷基—CH_3 和酯基—$COOCH_3$、C—H 键脱氢的过程中，首先被替代的是碳链外的甲基和酯基中的 H，其次是碳链中的 H，最后是碳链外的酯基。

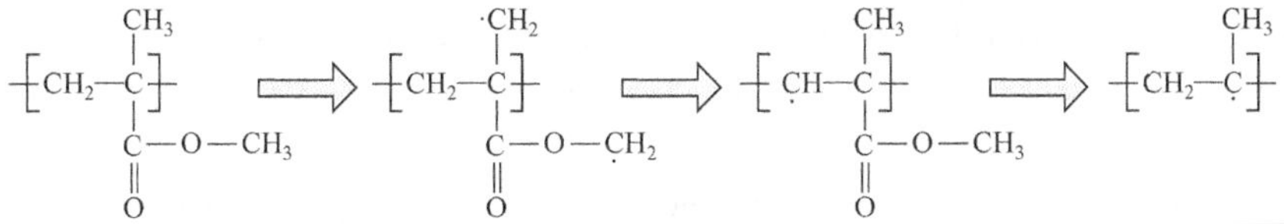

图 5.22　PMMA 分子中的脱氢步骤

在 F 夺 H 的过程中，可能存在的基团包括—CF_3、—CF_2—、—CHF_2、—CHF—、—CH_2F、—CF—。而对于单个烷基—CH_3 来说，不同数目的 H 被 F 替代后，F 原子继续夺 H 所需能量和速率不同[35]。在等离子体疏水改性的初期，或疏水效果不太明显的样品中，多数 F 原子夺取 CH_3 中的一个 H 原子，形成 HF 和 CH_2F。通过进一步处理，PMMA 表面的 CF_n 官能团比例开始增加，这些官能团具有非极性，显著降低 PMMA 的表面能，提高表面水接触角。

5.5　本章小结

DBD 材料表面处理过程中涉及等离子体与材料表面之间复杂的物理化学作用，通过在材料表面引入不同官能团，可有效改善材料表面性能，满足应用领域需求。通过改变 DBD 等离子体源的运行参数、电极结构、工作气体和前驱物的种类及浓度等参数可以调节放电特性，改变自由基时空分布，从而有效控制等离子体和材料表面的相互作用过程，引入官能团。DBD 等离子体中添加含氧反应媒质（O_2、H_2O 等）能在材料表面引入—OH、—COOH 等大量的含氧基团，同时使表面发生刻蚀，降低材料表面的水接触角，增强亲水性和黏结性。而采用含 F 或 Si 的气体或液体化学蒸气作为前驱物，将其与工作气体混合进行放电，可在材料表面引入含 F 或 Si 的疏水基团，提高表面疏水性。通过改变 DBD 运行参数，可以影响 DBD 中活性自由基产生过程，并在材料表面形成官能团，优化材料表面改性效果。

参 考 文 献

[1] Borcia G, Anderson C A, Brown N M D. Dielectric barrier discharge for surface treatment: Application to selected polymers in film and fibre form[J]. Plasma Sources Science and Technology, 2003, 12(3): 335-344.

[2] Massines F, Gouda G, Gherardi N, et al. The role of dielectric barrier discharge atmosphere and physics on polypropylene surface treatment[J]. Plasmas and Polymers, 2001, 6(1): 35-49.

[3] Roth J R, Rahel J, Dai X, et al. The physics and phenomenology of One Atmosphere Uniform Glow Discharge Plasma (OAUGDP™) reactors for surface treatment applications[J]. Journal of Physics D: Applied Physics, 2005, 38(4): 555-567.

[4] van Deynse A, Morent R, Leys C, et al. Influence of ethanol vapor addition on the surface modification of polyethylene in a dielectric barrier discharge[J]. Applied Surface Science, 2017, 419: 847-859.

[5] Fang Z, Wang X, Shao T, et al. Influence of oxygen content on argon/oxygen dielectric barrier discharge plasma treatment of polyethylene terephthalate film[J]. IEEE Transactions on Plasma Science, 2016, 45(2): 310-317.

[6] Morent R, de Geyter N, Axisa F, et al. Adhesion enhancement by a dielectric barrier discharge of PDMS used for flexible and stretchable electronics[J]. Journal of Physics D: Applied Physics, 2007, 40(23): 7392-7401.

[7] Jin X, Wang W, Xiao C, et al. Improvement of coating durability, interfacial adhesion and compressive strength of UHMWPE fiber/epoxy composites through plasma pre-treatment and polypyrrole coating[J]. Composites Science and Technology, 2016, 128: 169-175.

[8] Arik N, Inan A, Ibis F, et al. Modification of electrospun PVA/PAA scaffolds by cold atmospheric plasma: Alignment, antibacterial activity, and biocompatibility[J]. Polymer Bulletin, 2019, 76(2): 797-812.

[9] Kusano Y. Atmospheric pressure plasma processing for polymer adhesion: A review[J]. The Journal of Adhesion, 2014, 90(9): 755-777.

[10] Dimitrakellis P, Travlos A, Psycharis V P, et al. Superhydrophobic paper by facile and fast atmospheric pressure plasma etching[J]. Plasma Processes and Polymers, 2017, 14(3): 1600069.

[11] Meyer-Plath A A, Finke B, Schroder K. Pulsed and cw microwave plasma excitation for surface functionalization in nitrogen-containing gases[J]. Surface and Coatings Technology, 2003, 174-175: 877-881.

[12] Pertile R A N, Andrade F K, Alves Jr C, et al. Surface modification of bacterial cellulose by nitrogen-containing plasma for improved interaction with cells[J]. Carbohydrate Polymers, 2010, 82(3): 692-698.

[13] Dimitrakellis P, Gogolides E. Hydrophobic and superhydrophobic surfaces fabricated using atmospheric pressure cold plasma technology: A review[J]. Advances in Colloid and Interface Science, 2018, 254: 1-21.

[14] Shao T, Zhang C, Long K, et al. Surface modification of polyimide films using unipolar nanosecond-pulse DBD in atmospheric air[J]. Applied Surface Science, 2010, 256(12): 3888-3894.

[15] Nisticò R, Faga M G, Gautier G, et al. Physico-chemical characterization of functionalized polypropylenic fibers for prosthetic applications[J]. Applied Surface Science, 2012, 258(20): 7889-7896.

[16] Chiper A, Borcia G. Argon versus helium dielectric barrier discharge for surface modification of polypropylene and poly (methyl methacrylate) films[J]. Plasma Chemistry and Plasma Processing, 2013, 33(3): 553-568.

[17] Aziz G, Cools P, de Geyter N, et al. Dielectric barrier discharge plasma treatment of ultrahigh molecular weight polyethylene in different discharge atmospheres at medium pressure: A cell-

biomaterial interface study[J]. Biointerphases, 2015, 10(2): 029502.

[18] Zhang C, Shao T, Long K, et al. Surface treatment of polyethylene terephthalate films using DBD excited by repetitive unipolar nanosecond pulses in air at atmospheric pressure[J]. IEEE Transactions on Plasma Science, 2010, 38(6): 1517-1526.

[19] Lu C, Qiu S, Lu X, et al. Enhancing the interfacial strength of carbon fiber/poly (ether ether ketone) hybrid composites by plasma treatments[J]. Polymers, 2019, 11(5): 753.

[20] Shao T, Yang W, Zhang C, et al. Enhanced surface flashover strength in vacuum of polymethylmethacrylate by surface modification using atmospheric-pressure dielectric barrier discharge[J]. Applied Physics Letters, 2014, 105(7): 071607.

[21] Shao T, Liu F, Hai B, et al. Surface modification of epoxy using an atmospheric pressure dielectric barrier discharge to accelerate surface charge dissipation[J]. IEEE Transactions on Dielectrics and Electrical Insulation, 2017, 24(3): 1557-1565.

[22] Nisticò R, Magnacca G, Faga M G, et al. Effect of atmospheric oxidative plasma treatments on polypropylenic fibers surface: Characterization and reaction mechanisms[J]. Applied Surface Science, 2013, 279: 285-292.

[23] Borcia C, Borcia G, Dumitrascu N. Relating plasma surface modification to polymer characteristics[J]. Applied Physics A, 2008, 90(3): 507-515.

[24] Liu F, Cai M, Zhang B, et al. Hydrophobic surface modification of polymethyl methacrylate by two-dimensional plasma jet array at atmospheric pressure[J]. Journal of Vacuum Science and Technology, 2018, 36(6): 061302.

[25] 庄越, 刘峰, 储海靖, 等. 交流和纳秒脉冲 Ar/H$_2$O 介质阻挡放电聚丙烯材料表面亲水改性对比研究[J]. 强激光与粒子束, 2021, 33(6): 143-151.

[26] Zhang C, Zhou Y, Shao T, et al. Hydrophobic treatment on polymethylmethacrylate surface by nanosecond-pulse DBDs in CF$_4$ at atmospheric pressure[J]. Applied Surface Science, 2014, 311: 468-477.

[27] Owens D K, Wendt R C. Estimation of the surface free energy of polymers[J]. Journal of Applied Polymer Science, 1969, 13(8): 1741-1747.

[28] Wenzel R N. Resistance of solid surfaces to wetting by water[J]. Industrial and Engineering Chemistry, 1936, 28(8): 988-994.

[29] Schulz U, Munzert P, Kaiser N. Surface modification of PMMA by DC glow discharge and microwave plasma treatment for the improvement of coating adhesion[J]. Surface and Coatings Technology, 2001, 142: 507-511.

[30] Xu J, Zhang C, Shao T, et al. Formation of hydrophobic coating on PMMA surface using unipolar nanosecond-pulse DBD in atmospheric air[J]. Journal of Electrostatics, 2013, 71(3): 435-439.

[31] Georgieva V, Bogaerts A, Gijbels R. Numerical study of Ar/CF$_4$/N$_2$ discharges in single and dual frequency capacitively coupled plasma reactors[J]. Journal of Applied Physics, 2003, 94(6): 3748-3756.

[32] Jauberteaut J L, Meeusen G J, Haverlag M, et al. Negative ions in a radio-frequency plasma in CF$_4$[J]. Journal of Physics D: Applied Physics, 1991, 24(3): 261-267.

[33] Takamatsu T, Hirai H, Sasaki R, et al. Surface hydrophilization of polyimide films using atmospheric damage-free multigas plasma jct source[J]. IEEE Transaction on Plasma Science, 2013, 41(1):119-125.

[34] Wang C, He X. Preparation of hydrophobic coating on glass surface by dielectric barrier discharge using a 16 kHz power supply[J]. Applied Surface Science, 2006, 252(23): 8348-8351.

[35] Kirk S, Strobel M, Lee C, et al. Fluorine plasma treatments of polypropylene films[J]. Plasma Processed and Polymers, 2010, 7(2): 107-122.

第6章 大气压介质阻挡放电表面薄膜沉积

材料表面薄膜沉积是大气压 DBD 的重要应用之一。与传统的物理气相沉积、化学气相沉积等方法不同，大气压 DBD 薄膜沉积无需高温和真空环境，环境友好，灵活高效，具有广阔的应用前景。本章围绕大气压 DBD 薄膜沉积的不同应用，介绍多种薄膜的沉积过程和性能测试。大气压 DBD 沉积既可在聚合物表面沉积薄膜，也可在金属表面沉积薄膜。聚合物表面沉积薄膜后，沿面闪络性能显著提升。金属表面沉积薄膜后，对抑制金属表面微放电有明显效果。

6.0 引　　言

随着集成电路、液晶显示、电工材料等产业的迅速发展，薄膜沉积技术得到大力推广和广泛应用[1,2]。传统的材料表面沉积薄膜方法主要有物理气相沉积法(PVD)和化学气相沉积法(CVD)两大类[3,4]。PVD 技术主要包括电子束蒸镀、电阻加热蒸镀、磁控溅射等方法，虽然技术相对成熟，但是存在薄膜附着力差、抗褶皱性能低、沉积速率慢、设备复杂、生产成本高等缺点[5]。CVD 是利用含有薄膜元素的气相化合物或单质，在基体表面进行化学反应生成薄膜涂层的技术。它具有薄膜附着力强、沉积工艺简便、设备简单易维护等优点。CVD 技术可分为低压型 CVD(LPCVD)、常压型 CVD(APCVD)、等离子体增强型 CVD(PECVD)等[6]。

本章聚焦大气压 DBD 薄膜沉积技术，介绍在大气压环境中沉积得到功能性薄膜的方法。大气压 DBD 薄膜沉积利用等离子体中的高能活性粒子激发活化前驱物分子，使沉积能在较低的温度和大气压下进行，在材料表面生成具有特定性能的薄膜[7]。大气压 DBD 具有装置简单、放电均匀、功率密度适中、放电面积大等优点，适合于薄膜沉积领域应用[8,9]。本章主要介绍大气压 DBD 薄膜沉积在聚合物和金属材料等表面沉积功能性薄膜的应用。

6.1 聚合物表面薄膜沉积

高分子聚合物材料因其良好的机械性能、化学稳定性、电学性能等，被广泛应用于工业生产和日常生活中。其中，环氧树脂聚合物作为一种优良的电工绝缘材料，在高压电气设备、电子产品中应用较广。但是，在高场强等一些极端环境中, 环氧树脂表面容易积聚电荷, 使表面电气绝缘性能降低, 引发沿面闪络事故, 严重影响电气设备的正常运行[10,11]。目前, 可通过掺杂特定的填充材料改善材料的表面电气性能, 但也带来强度、韧度变化等一系列的新问题[12]。在不影响聚合物材料本体性能的前提下, 利用等离子体薄膜沉积改性提高聚合物表面电气性能, 成为一个新的应用方向。

6.1.1　沉积装置和方法

SiO$_2$ 薄膜凭借其耐腐蚀、耐磨损和优异的介电性能, 被广泛应用于半导体、电工电子等领域[13]。晶体结构的 SiO$_2$ 薄膜介电常数为 3.9 左右, 可以有效调控材料表面的电场分布。大气条件下 SiO$_2$ 薄膜的介电强度为 $10^6 \sim 10^7$ V/cm, 耐压优势明显。因此, 本节主要介绍在环氧树脂表面沉积 SiO$_2$ 薄膜的装置和方法。

大气压 DBD 薄膜沉积装置如图 6.1 所示, 驱动电源采用微秒脉冲电源(输出电压为 $0 \sim 30$ kV, 重复频率为 $1 \sim 3000$ Hz, 脉冲上升沿为 0.5 μs, 脉冲宽度为 8 μs)。放电电极采用双介质阻挡平板电极。前驱物选用 TEOS, 放置在洗气瓶中。工作气体为高纯 Ar, 通过 Ar 气流将 TEOS 带入等离子体区域。通过高压探头和电流线圈测量电压和电流信号, 并通过示波器采集记录。沉积时, 设定气体流速和驱动电源电压, 前驱物被工作气体带入电极间参与放电, 放电沉积处理时间设置为 $0 \sim 10$ min。

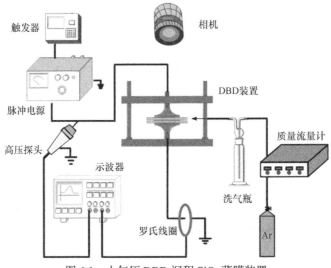

图 6.1　大气压 DBD 沉积 SiO$_2$ 薄膜装置

6.1.2　表面物理化学特性

本节对沉积薄膜的表面参数(膜厚、化学成分、表面微观形貌和粗糙度等)进行测试, 并对薄膜表面的物理化学特性进行分析。通过椭偏仪计算得到沉积 5 min 后环氧树脂样品表面的薄膜厚度为 261.02 nm, 折射率随波长的变化如图 6.2 所示。沉积 5 min 后，薄膜的折射率随波长的变化较为平稳，沉积薄膜较为均匀。

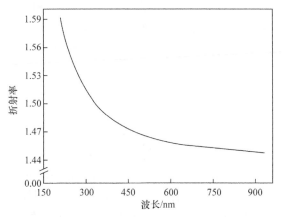

图 6.2　沉积 5 min 后环氧树脂表面薄膜折射率

通过 FTIR 和 XPS 测试，对不同沉积条件下的样品进行化学组分分析。图 6.3
分别给出了环氧树脂基底的未处理和 DBD 沉积 3 min、5 min、10 min 后的样品
表面 FTIR 特征谱线。未处理的环氧树脂主要成分是有机高分子聚合物，因此
图 6.3(a)的谱线特征峰均为含 C 基团，尤其以 C—H 键特征峰最为强烈。另外，
$1179\ cm^{-1}$ 为苯基中的 C—H 键，$826\ cm^{-1}$ 为 C—H 键特征峰，$2851{\sim}3033\ cm^{-1}$ 出
现了 C—H 多重吸收峰，$1457\ cm^{-1}$ 处出现了 CH_2 与 CH_3 的弯曲振动特征吸收峰；
$1200{\sim}1300\ cm^{-1}$ 出现了环氧树脂中脂肪族与芳香族醚类基团的特征峰；$1730\ cm^{-1}$
处出现了 C=O 键的特征峰[14]。因此，未处理的样品表面化学基团主要组成为 C、
H、O 元素，无含 Si 基团。

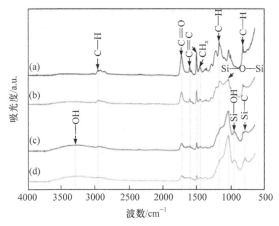

图 6.3　沉积处理前后环氧树脂表面 FTIR 谱线

(a) 未处理；(b) 处理 3 min；(c) 处理 5 min ；(d) 处理 10 min

由图 6.3(b)~(d)可知，经过沉积处理后的样品表面化学基团与未处理时相比呈现出显著的变化，原本的含 C 基团的特征峰逐渐被含 Si 基团所替代。含 Si 基团(尤其是 Si—O—Si 基团)的 FTIR 特征峰及其强度通常可以作为分析薄膜特性的重要判断依据，其中特征峰的波数代表沉积生成物的交联与氧化程度，而特征峰的强度则代表含 Si 基团的含量[15]。

在图 6.3(b)中，最强的特征峰为 1046 cm^{-1} 处的 Si—O—Si 基团的反对称伸缩振动峰，它的特征峰值相对于一般情况下 Si—O—Si 基团的 1040 cm^{-1} 向高波数方向发生了偏移，这是在等离子体中 TEOS 前驱物的氧化裂解程度较高的体现。另外在 960 cm^{-1} 处出现代表 Si—OH 基团的特征峰，这个基团通常代表生成了无机特性的 SiO$_2$ 薄膜；在 799 cm^{-1} 处出现了 Si—O—Si 基团的对称伸缩振动峰，同时它也是 Si—(CH$_3$)$_2$ 中 Si—C 键的伸缩振动峰。由于沉积处理时间仅为 3 min，样品表面仍然存在部分含有 C—H、C═O 和 C═C 等化学键的有机基团，但是这些化学键所对应特征峰的强度明显减弱，样品表面化学特性正在逐渐从有机特性向无机特性转变。从图 6.3(c)可知，当处理时间达到 5 min 时，样品表面的 Si—O—Si 与 Si—OH 基团的特征吸收峰强度变强，且原有含 C 基团的特征吸收峰的强度逐渐变弱，说明更多的含 Si 基团沉积在样品表面。从图 6.3(d)可知，在样品沉积处理 10 min 后，只有对应 Si—O—Si、Si—OH、Si—C 基团的三个主要特征峰，说明样品表面原有的含 C 基团已经被引入的含 Si 基团所覆盖。

图 6.4 中给出了未处理与沉积处理 5 min 样品表面 XPS 测试谱线。沉积处理前后的环氧树脂样品表面均可以检测到的元素主要为 C、O、Si，以及少量的 Al。在未处理样品中，C 元素与 O 元素占据绝对主导地位。其中 C 元素来自于 C—C、C—H、C—O 等基团，而 O 元素的来源为 C—O、Si—O—Si 等基团。在沉积处理 5 min 后，C 元素的含量减半，而 O 元素的含量几乎翻倍，Si 元素的含量增加，说明处理后样品表面化学基团的氧化程度提高，而且生成了新的含 Si 基团。

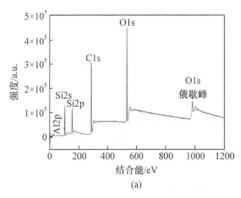
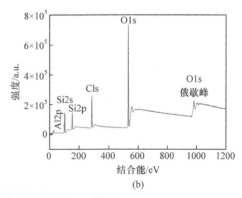

(a)   (b)

图 6.4　沉积处理前后环氧树脂表面 XPS 谱线

(a) 未处理；(b) 处理 5 min 后

　　进一步，对 XPS 谱线中的 C1s 峰与 Si2p 峰进行了分峰处理，得到了图 6.5 分峰谱线。图 6.5(a)为未处理样品的 C1s 分峰谱线，可以看到样品表面的含 C 基团的化学键主要为 C—C/C—H 键和少量的 C—O 键。图 6.5 (b)为未处理样品的 Si2p 分峰谱线，含 Si 官能团主要为 Si(—O$_2$)这种较低氧化程度的化学键。经过沉积处理 5 min 后，由图 6.5(c)中 C1s 分峰谱线可以看出含 C 官能团中化学键种类和含量几乎没有变化，仅仅引入极少量的 C=O 键。在图 6.5 (d)的 Si2p 分峰谱线中，氧化程度较高的 Si(—O$_3$)与 Si(—O$_4$)的含量明显升高，这些官能团来自于氧化原有的 Si(—O$_2$)官能团和 TEOS 前驱物的氧化裂解过程，说明沉积处理后样品表面官能团的氧化程度升高，每一个 Si 原子与更多的 O 原子结合。这些 O 原子除了来自于 TEOS 裂解过程中释放外，也包括周围大气中的 O$_2$ 分子。综上所述，FTIR 与 XPS 测试结果表明，未沉积处理的环氧树脂表面主要以含 C 的有机基团为主，其中主要为 C—C、C—H 和 C=O 键。经过沉积处理后，样品表面生成了大量含 Si 无机基团，主要包括 Si—O—Si 与 Si—OH 等，氧化程度升高。

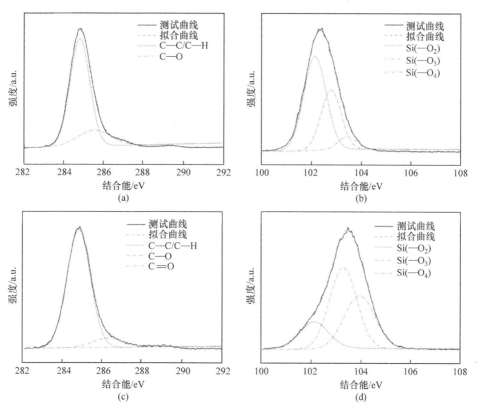

图 6.5　处理前后环氧树脂表面 XPS 分峰谱线

(a) 未处理 C1s；(b) 未处理 Si2p；(c) 处理后 C1s；(d) 处理后 Si2p

采用 AFM 对样品表面进行观察，得到沉积处理前后样品表面的微观形貌和粗糙度，如图 6.6 所示。从未处理样品的表面形貌可以看出，表面存在大量微小的褶皱，还有一定量的沟壑、深坑与凸起。当处理时间为 3 min 时，样品表面已经变得比较光滑，几乎看不到明显的褶皱；当处理时间 5 min 以上时，样品表面已经十分光滑，表面形貌与处理 5 min 的样品类似，微小褶皱几乎完全消失，虽然仍残余一些深坑与凸起，但与未处理的样品相比，表面形貌已经变得更为光滑平整。由图 6.3 所示的 FTIR 的分析结果可知，这是样品表面均匀覆盖了 SiO_2 薄膜所致。

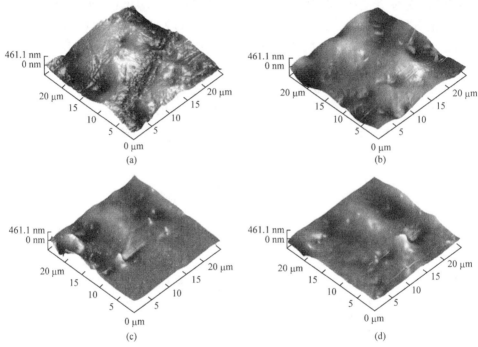

图 6.6　不同沉积处理时间下的样品表面 AFM 形貌

(a) 未处理；(b) 处理 3 min；(c) 处理 5 min；(d) 处理 10 min

通过 AFM 测试结果可计算得到样品表面的算术平均粗糙度(R_a)与均方根粗糙度(R_q)。如图 6.7 所示，随着沉积处理时间的延长，样品表面的粗糙度整体呈现下降的趋势，并且在处理时间达到 5 min 后趋于饱和。环氧树脂样品表面变平滑，可以抑制电荷的积聚并加快其消散过程，对提升表面绝缘性能具有一定的作用。

6.1.3　表面电学参数测试

沉积处理样品的表面电导率和体积电导率采用三电极法测量。图 6.8(a)表明，随着处理时间的增加，样品表面电导率的数量级逐渐升高，当处理时间达到 10 min 时，样品的表面电导率提升了 4 个数量级，达到 $5.47×10^{-11}$ S。图 6.8(b)中样品体

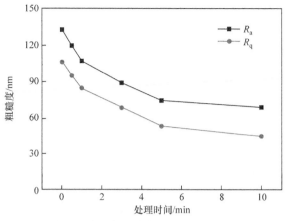

图 6.7　表面粗糙度与处理时间的关系

积电导率的变化趋势与表面电导率类似，随着处理时间的增加，其体积电导率也在不断增大，最高可达 $6.68×10^{-14}$ S/cm。经过沉积处理后，样品表面电导率迅速提升，其增速高于体积电导率，这将在一定程度上促进积聚的表面电荷迅速沿表面扩散并注入地电极中，达到促进电荷消散的目的[16]。

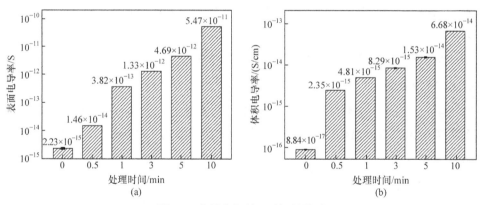

图 6.8　电导率与处理时间的关系
(a) 表面电导率；(b) 体积电导率

　　环氧树脂样品的表面电气绝缘性能测试采用指形电极，施加电源为负极性高压直流源。图 6.9 是环氧树脂样品的沿面闪络电压随处理时间的变化趋势，测试结果表明样品的沿面闪络电压随着处理时间的增加而不断升高，最终达到饱和。对于未处理样品，沿面闪络电压为 -6.54 kV。当沉积处理 10 min 时，样品闪络电压最高值为 -9.28 kV，与未处理样品相比提高了约 41.9%。环氧树脂材料经过沉积处理后，在其表面形成了一层 SiO_2 薄膜，这层薄膜会加速表面电荷的沿面迁移与消散过程，在材料表面不容易形成电荷积聚区。环氧树脂材料表面电场分布更加均匀，从而抑制了电场畸变与局部放电过程，提升了材料的表面电气绝缘性能。

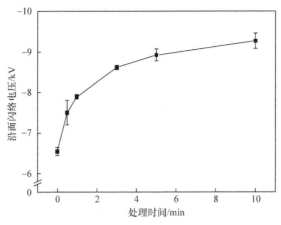

图 6.9　环氧树脂材料沿面闪络电压与处理时间的关系

6.2　金属表面薄膜沉积

金属表面微放电严重影响高压电气设备(如 GIL)的正常运行[17]。金属微粒在强电场环境下容易引起局部电场畸变，造成导体与外壳间的绝缘气体击穿，严重威胁设备的正常运行[18]。本节主要介绍利用大气压 DBD 在金属表面沉积 SiO₂ 薄膜，抑制金属表面微放电，保证高压电气设备稳定安全运行。

6.2.1　沉积装置和方法

图 6.10 所示为大气压 DBD 金属表面沉积薄膜装置。DBD 电极由上下两个半径为 50 mm 的圆形铝制平板组成，阻挡介质由边长为 100 mm、厚度为 1 mm 的

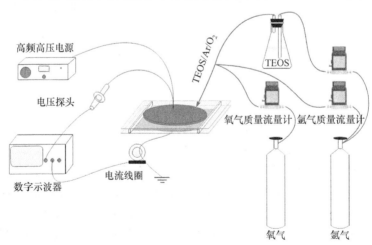

图 6.10　大气压 DBD 金属表面沉积薄膜装置

方形 K9 玻璃组成，放电间隙设置为 2 mm。沉积基底为正方形铜片(边长为 4 cm，厚度为 50 μm)，在经过清洗处理后被放置在下阻挡介质表面上。驱动电源采用高频高压电源(输出正弦电压的幅值范围为 0～25 kV，可调重复频率为 1～20 kHz)。前驱物为 TEOS，放电气体分为两路，一路为氩气(流量 500 mL/min)，另一路为氧气(流量 0～15 mL/min)。

6.2.2　薄膜化学组分测试

利用 FTIR 对铜片表面沉积薄膜的化学组分进行测试，结果如图 6.11 所示。在三种不同 O_2 流量条件下所沉积的薄膜均在 1240～990 cm^{-1} 表现出一个明显的特征峰，这表明薄膜中含有 Si—O—Si/Si—O—C 基团的反对称伸缩振动。在 FTIR 谱线中该特征峰表现出最大的强度，是构成该薄膜的主要成分。随着氧气流量的逐渐增大，该特征峰的强度逐渐提高，这是薄膜中 Si—O—Si 基团含量增多造成的。Si—OH 基团(940 cm^{-1})和 3500～3000 cm^{-1} 的宽峰，是 TEOS 分子发生氧化反应的产物。随着 O_2 流量的增大，3000～2850 cm^{-1}、2400～2300 cm^{-1} 以及 1480～1350 cm^{-1} 的特征峰强度在减弱，这表明薄膜中的 CH_3、CH_2 等有机成分在逐渐减少，无机成分(Si—O—Si、Si—OH)逐渐增多，沉积薄膜的氧化程度得到了提高。

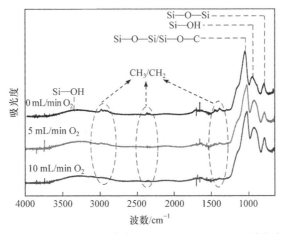

图 6.11　不同 O_2 流量条件下沉积薄膜的 FTIR 光谱曲线

为了定量分析不同 O_2 流量条件下沉积薄膜的化学组分，进行了 XPS 测试。图 6.12(a)和(b)分别为无 O_2 和 10 mL/min O_2 流量条件下所沉积薄膜的 XPS 谱线图。分析可知，O、C、Si 是构成薄膜的三种主要元素。在各谱线图中都没有发现基底的 Cu 元素，这就表明沉积薄膜将 Cu 基底完全覆盖。元素分峰拟合结果如图 6.13 所示，在无 O_2 条件下，沉积薄膜的 Si 与 O 原子成键主要是以 Si(—O_2)和 Si(—O_3)形式存在。在 10 mL/min O_2 流量条件下，沉积薄膜的 Si 与 O 原子成键主要以

Si(—O₃)和 Si(—O₄)为主。综上所述，无氧气条件下沉积薄膜中有机成分的含量较高，Si 原子的氧化程度较低；而随着工作气体中 O₂ 流量的逐渐增大，沉积薄膜中有机成分的含量大幅降低，Si 原子的氧化程度明显提高。

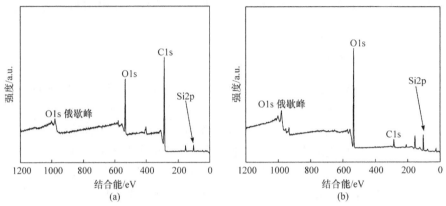

图 6.12　不同 O₂ 流量条件下沉积薄膜的 XPS 谱线图

(a) 无 O₂ 条件；(b) 10 mL/min O₂ 流量条件

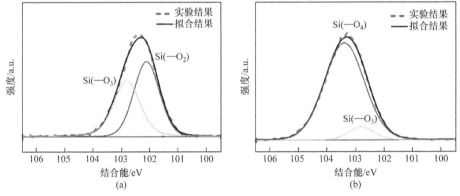

图 6.13　不同 O₂ 流量条件下沉积薄膜的 XPS 分峰谱线

(a) 无 O₂ 条件 Si2p 分峰；(b) 10 mL/min O₂ 流量条件 Si2p 分峰

6.2.3　薄膜稳定性分析

　　实际工程应用中对薄膜的稳定性要求较高，因此本节对沉积薄膜的稳定特性进行考察。分别在真空(27℃，1000 Pa)和空气(27℃，湿度 60%～70%)环境中对沉积薄膜进行稳定性测试，并对不同放置时间下沉积薄膜的表面电阻率进行测量。

　　如图 6.14 所示，在真空环境中放置一天后，沉积薄膜的表面电阻率并没有明显的变化。图 6.15 的沉积薄膜的表面形貌分析表明，此时沉积薄膜的形貌也没有明显变化，说明沉积薄膜在真空环境中具有较好的稳定性。但当在空气环境中放置时，沉积薄膜的表面电阻率会略有变化，这与空气中的水分作用于沉积薄膜有关。

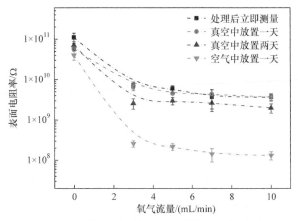

图 6.14　不同老化时间下各薄膜的表面电阻率

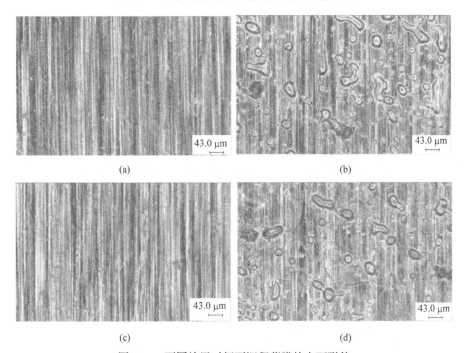

(a)　　　　　　　　　　　　　　　　(b)

(c)　　　　　　　　　　　　　　　　(d)

图 6.15　不同放置时间下沉积薄膜的表面形貌

(a) 0 mL/min O$_2$；(b) 5 mL/min O$_2$；(c) 0 mL/min O$_2$ 空气中放置一天；(d) 5 mL/min O$_2$ 空气中放置一天

6.3　复合薄膜沉积

6.2 节主要介绍了在金属表面沉积 SiO$_2$ 薄膜的方法，本节介绍通过在金属表面沉积 SiO$_2$/TiO$_2$ 复合薄膜，利用导体/半导体/绝缘层的过渡界面缓和局部电场，抑制金属微放电。

6.3.1　沉积装置和方法

复合沉积薄膜的沉积实验条件如下：驱动电源为高频交流电源(电压 $0\sim22\,kV$，频率 $10\sim30\,kHz$)，工作气体 Ar(流量为 $4\,L/min$)，前驱物选用 $TiCl_4$ 溶液，通过载气 Ar 将前驱物送入等离子体区域，载气流量为 $50\,mL/min$。为了便于连续沉积处理，本实验放电电极采用石英管介质阻挡结构。复合沉积薄膜的沉积过程如下：首先利用图 6.16 所示的等离子体沉积装置在铜片表面沉积 TiO_2 薄膜，沉积获得 TiO_2 薄膜后，将前驱物改用 TEOS 溶液，利用相同的实验装置，继续沉积获得 SiO_2 薄膜，最终实现 TiO_2/SiO_2 复合薄膜沉积。

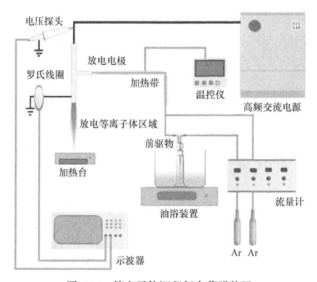

图 6.16　等离子体沉积复合薄膜装置

6.3.2　复合薄膜特性分析

图 6.17(a)表明，未沉积处理的铜片表面存在机械加工的划痕。图 6.17(b)表明，沉积 TiO_2 薄膜后，表面呈现颗粒状及孔隙结构。沉积 TiO_2/SiO_2 复合薄膜后表面如图 6.17(c)所示，薄膜致密程度增大，且无较大孔隙存在，有利于抑制微放电的发生。

图 6.18 为沉积复合薄膜前后的 SEM 断面图。如图 6.18(a)所示，沉积 TiO_2 薄膜后，TiO_2 薄膜与基底紧密结合，并且完全覆盖了表面的划痕等微缺陷。如图 6.18(b)所示，沉积 TiO_2/SiO_2 复合薄膜后，可以分辨出两层薄膜结构，TiO_2 薄膜厚度约为 $1.94\,\mu m$，SiO_2 薄膜厚度约为 $3.60\,\mu m$；并且，TiO_2 薄膜层与 SiO_2 薄膜层紧密结合，且无明显缺陷。

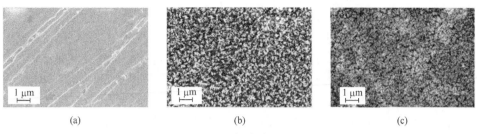

图 6.17 铜片表面沉积复合薄膜前后的表面形貌

(a) 未沉积处理；(b) 沉积 TiO_2 薄膜；(c) 沉积 TiO_2/SiO_2 复合薄膜

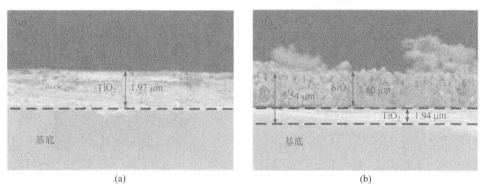

图 6.18 沉积复合薄膜前后 SEM 断面图

(a) 沉积 TiO_2 薄膜；(b) 沉积 TiO_2/SiO_2 复合薄膜

图 6.19 所示为通过 XRD 测量的复合薄膜中元素含量。从图中可以看出，沉积 TiO_2 薄膜后的主要元素为 Ti、O，沉积 TiO_2/SiO_2 复合薄膜后的主要元素为 Si、O。进一步，对 Si、O、Ti 元素进行分峰拟合，结果如图 6.20 所示。图 6.20(a)所

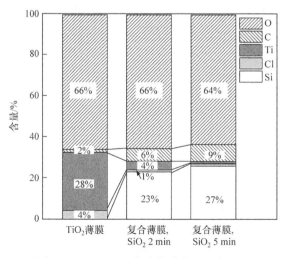

图 6.19 TiO_2/SiO_2 复合薄膜表面元素含量

示的是 TiO₂ 薄膜表面 Ti、O 元素的 XPS 分峰结果，可以看出 Ti 元素的特征峰出现在 464.3 eV 和 458.6 eV 处，对应的是 Ti 元素的 $2p_{3/2}$ 与 $2p_{1/2}$ 杂化轨道，都属于 TiO₂ 分子的 Ti^{4+}[19,20]。此外，O 元素的拟合曲线中特征峰位置在 531.2 eV 和 530.1 eV 处，都属于 TiO₂ 分子的 O^{2-}[21]，证明了沉积薄膜主要成分为 TiO₂，并且薄膜中残存的杂质含量较低。对于 TiO₂/SiO₂ 复合薄膜，Si、O 元素成键方式的拟合分析如图 6.20(b)所示，Si 元素拟合曲线的特征峰出现在 104.0 eV、103.4 eV 和 102.0 eV 处，其中 104.0 eV 和 103.4 eV 处较强的特征峰都表示 Si 元素以 Si^{4+}的形式存在，O 元素的主要成键方式为 O^{2-}[22,23]。

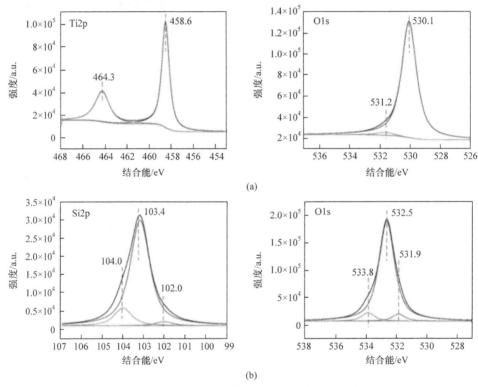

图 6.20　TiO₂/SiO₂ 复合薄膜元素成键分峰拟合谱线

(a) 沉积 TiO₂ 薄膜；(b) 沉积 TiO₂/SiO₂ 复合薄膜

6.3.3　金属微粒启举测试

　　为了验证沉积薄膜后对金属微放电的抑制效果,本节开展金属微粒启举实验。通过简化模型分析未沉积薄膜的金属表面附着的金属微粒启举运动时所受的外部作用力，精确观测金属微粒在电极间的运动过程。

　　金属微粒启举测试系统通过上位机控制负直流源在 0～12 kV 匀速升高输出电压，通过高速摄影机拍摄铜金属基底和不同沉积处理条件下表面水平放置金属微粒的启举运动过程[24]。当基底为未沉积处理的铜金属时，电压升高到 6 kV 金属微粒开始发生启举运动，其在电极间的运动过程如图 6.21(a)所示。可以看出，当金属微粒所受电场力大于自身重力时，其一端首先发生上抬并逐渐向高压电极表面定向运动，从低压电极表面运动至高压电极表面经过约 40 ms。而当金属微粒到达高压电极表面与其直接接触后，金属微粒所带电荷发生中和，此时重力主导金属微粒运动模式，金属微粒到达高压电极表面后经过 10 ms 就降落至低压电极表面。当提高外施电压至 8 kV 后，金属微粒运动情况如图 6.21(b)所示。由于极间场强增大，金属微粒运动启举的速度加快，经过 30 ms 可达高压电极表面。与此同时，金属微粒在气隙中运动引起的微放电程度也增强。

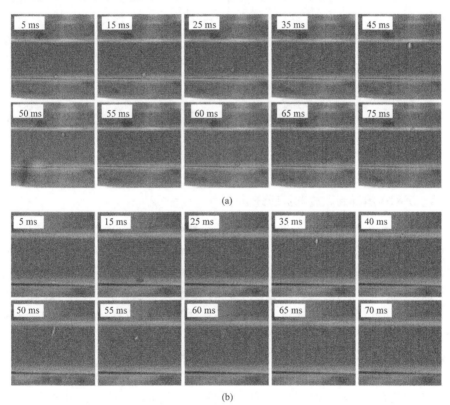

图 6.21　不同电压幅值情况下金属微粒运动情况

(a) 6 kV；(b) 8 kV

　　图 6.22 是当外施电压为 8 kV 时，铜基底沉积薄膜前后的金属微粒启举电压和金属微粒在低压电极表面往复运动过程中的微粒启举延迟时间。当铜基底未经沉积处理时，表面的金属颗粒在 5.67 kV 开始发生启举运动，铜基底沉积薄膜后启举电压升高。当铜基底沉积 TiO_2/SiO_2 复合薄膜时，金属微粒启举电压比沉积前

最大提高约 35%。另外，铜基底表面沉积薄膜后对金属微粒启举的延迟时间也有明显增加。当铜基底未经沉积处理时，金属微粒在低压电极表面往复运动的过程中，金属微粒回落到电极表面到下一次发生启举运动的时间间隔为 2.45 s。当铜基底表面沉积 TiO₂ 薄膜后金属微粒启举时间延迟增加至 2.94 s。当在铜基底表面沉积 SiO₂ 薄膜和 TiO₂/SiO₂ 复合薄膜时，金属微粒启举的时间延迟为未沉积处理的近 2 倍。综上所述，沉积复合薄膜后金属微粒启举现象得到了显著抑制。

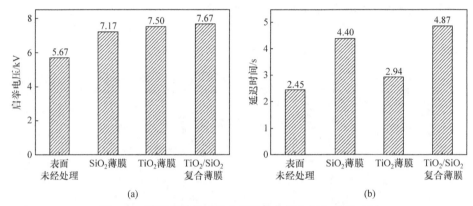

图 6.22 沉积薄膜前后的金属微粒启举电压和延迟时间
(a) 金属微粒启举电压；(b) 延迟时间

6.3.4 沉积薄膜抑制微放电机理分析

在高压电气设备中，当设备内部的金属微粒在电场力和重力的作用下发生启举运动时，由于金属微粒具有一定量的电荷且在与上下电极接触时也将造成带电情况转变，在强电场环境下容易引起局部电场畸变，严重时会诱发微放电甚至导致绝缘击穿。并且与电极表面附着的金属微粒相比，发生启举运动后，靠近电极表面的金属微粒造成的电场畸变程度更高。而当金属微粒在电场力作用下移动至靠近高压电极的区域时，在金属微粒和电极之间的空间中电场强度显著增大，极易引发整个气隙的贯穿，严重劣化电气设备的绝缘性能。

金属电极沉积复合薄膜后，由于 TiO₂ 半导电薄膜层和 SiO₂ 绝缘薄膜层分别具有不同的介电常数，使得两薄膜层之间具有不同的电场梯度，电场畸变减弱，金属微放电得到抑制。为验证电极表面沉积的薄膜对电场畸变的抑制作用，本节通过数值计算软件建立了平板电极模型，分析电极表面沉积 TiO₂/SiO₂ 复合薄膜前后金属微粒与高压电极之间的电场分布情况。图 6.23(a)为电极表面未经薄膜沉积时的电场分布，可以看出在金属微粒和高压电极之间区域的电场强度明显高于其他区域，且在金属微粒边缘区域并靠近高压电极一侧的位置有场强极值，达到 1.98×10^8 V/m。当沉积 TiO₂/SiO₂ 复合薄膜后，由图 6.23(b)所示金属微粒附近的电场分布情况发生明显变化，电场强度极值减小至 1.82×10^8 V/m，电场畸变得到抑制。

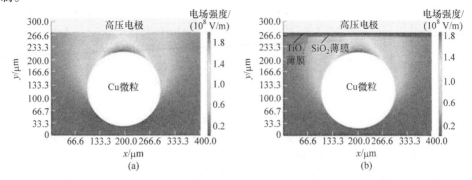

图 6.23　金属微粒与高压电极间电场分布

(a) 未沉积；(b) 沉积复合薄膜

6.4　本章小结

本章主要介绍了大气压 DBD 在不同材料表面沉积功能性薄膜的应用。针对环氧树脂基底，采用大气压 DBD 沉积薄膜后，在环氧树脂表面得到一层致密均匀的 SiO_2 薄膜，其主要成分为 Si—O—Si 与 Si—OH 等。沉积后薄膜表面电导率显著增大，促进了积聚电荷的沿面迁移过程，材料沿面闪络电压升高。针对金属铜基底，分别沉积了 SiO_2 薄膜和 TiO_2/SiO_2 复合薄膜。TiO_2/SiO_2 复合薄膜表面均匀，具有较高的氧化程度，能够覆盖基底表面的缺陷。TiO_2/SiO_2 复合薄膜沉积处理后金属微粒启举电压明显升高，具有显著抑制金属微粒运动的效果。

参 考 文 献

[1] 张银团, 张腾飞, 王启民. 物理气相沉积薄膜超级电容器[J]. 真空科学与技术学报, 2021, 41(7): 648-658.

[2] 管振宏, 于镇洋, 乔志军, 等. 化学气相沉积法制备原位生长三维石墨烯/铜基复合材料[J]. 材料科学与工程学报, 2021, 39(4): 575-579.

[3] 曲帅杰, 郭朝乾, 代明江, 等. 物理气相沉积中等离子体参数表征的研究进展[J]. 表面技术, 2021, 50(10): 140-146+185.

[4] Yu W, Kong F, Dong P J, et al. Depositing chromium oxide film on alumina ceramics enhances the surface flashover performance in vacuum via PECVD[J]. Surface and Coatings Technology, 2021, 405: 126509.

[5] 海彬. 低温等离子体表面处理抑制绝缘材料表面电荷的研究[D]. 郑州: 郑州大学, 2017.

[6] Karlsson L. Chemical Vapor Deposition (CVD): Methods and Technologies[M]. New York: Nova Science Publishers, 2021.

[7] 邵涛, 章程, 王瑞雪, 等. 大气压脉冲气体放电与等离子体应用[J]. 高电压技术, 2016, 42(3): 685-705.

[8] Shao T, Wang R, Zhang C, et al. Atmospheric-pressure pulsed discharges andplasmas: mechanism, characteristics and applications[J]. High Voltage, 2018, 3(1): 14-20.

[9] 邵涛, 严萍. 大气压气体放电及其等离子体应用[M]. 北京: 科学出版社, 2015.

[10] Kong F, Zhang S, Lin H, et al. Effects of nanosecond pulse voltage parameters on characteristics of surface charge for epoxy resin[J]. IEEE Transactions on Dielectrics and Electrical Insulation, 2018, 25(6): 2058-2066.

[11] Xie Q, Lin H, Zhang S, et al. Deposition of $SiC_xH_yO_z$ thin film on epoxy resin by nanosecond pulsed APPJ for improving the surface insulating performance[J]. Plasma Science and Technology, 2018, 20(2): 025504.

[12] 杜伯学, 孔晓晓, 李进, 等. 高导热环氧树脂复合电介质研究现状[J]. 绝缘材料, 2017, 50(8): 1-8.

[13] 王天宇, 李大雨, 侯易岑, 等. SiO_2 纳米颗粒表面接枝对环氧树脂纳米复合电介质表面电荷积聚的抑制[J]. 高电压技术, 2020, 46(12): 4129-4137.

[14] 翁诗甫. 傅里叶变换红外光谱分析[M]. 北京: 化学工业出版社, 2010.

[15] Schäfer J, Foest R, Quade A, et al. Local deposition of SiO_x plasma polymer films by a miniaturized atmospheric pressure plasma jet[J]. Journal of Physics D: Applied Physics, 2008, 41(19): 194010.

[16] 海彬, 章程, 王瑞雪, 等. 等离子体沉积类 SiO_2 薄膜抑制环氧树脂表面电荷积聚[J]. 高电压技术, 2017, 43(2): 375-384.

[17] 李庆民, 王健, 李伯涛, 等. GIS/GIL 中金属微粒污染问题研究进展[J]. 高电压技术, 2016, 42(3): 849-860.

[18] 季洪鑫, 李成榕, 庞志开, 等. GIS 中线形颗粒起举电压的影响因素[J]. 中国电机工程学报, 2017, 37(1): 301-313.

[19] Chen Q Q, Liu Q, Ozkan A, et al. Atmospheric pressure dielectric barrier discharge synthesis of morphology-controllable TiO_2 films with enhanced photocatalytic activity[J]. Thin Solid Films, 2018, 664: 90-99.

[20] 刘诗鑫, 李小松, 邓晓清, 等. 焙烧温度对滑动弧等离子体制备纳米 TiO_2 光催化剂的影响 [J]. 无机材料学报, 2015, 30(2): 189-194.

[21] 高倩, 李喆, 李铭, 等. DBD-CVD 法制备掺氮二氧化钛薄膜及其结构性能[J]. 材料科学与工程学报, 2012, 30(1): 93-97.

[22] 程显, 徐晖, 王瑞雪, 等. 等离子体复合薄膜沉积抑制金属微粒启举[J]. 电工技术学报, 2018, 33(20): 4672-4681.

[23] 徐晖. 等离子体射流薄膜沉积对微放电抑制的研究[D]. 郑州: 郑州大学, 2019.

[24] 李文耀. AP-PECVD 实验制备硅氧烷绝缘薄膜抑制微放电的研究[D]. 大连: 大连理工大学, 2017.

第7章 高压绝缘领域的介质阻挡放电表面改性应用

等离子体材料表面改性技术利用放电产生的各种活性粒子与材料表面相互作用，引起表面物理化学反应，通过官能团植入或薄膜沉积方式改变材料表面物理化学特性，进而改变其表面性能。通过控制改性条件和方法，能够实现改性效果的靶向调控，甚至赋予材料表面以新功能，可满足不同材料在不同领域的应用需求。本章综述中国科学院电工研究所和南京工业大学在高压绝缘领域 DBD 表面改性应用的研究进展。以 PMMA、环氧树脂等材料为例，分别介绍大气沿面耐压性能、表面电荷积聚/消散速率、真空沿面耐压等不同绝缘性能改善的具体改性方法和改性效果，并分析等离子体绝缘材料表面改性的机理。

7.0 引 言

特高压输变电技术是维持我国电力稳定运行,保证经济快速增长的重要保障。截至 2020 年底，我国已建成"14 交 16 直"，在建"2 交 3 直"，共 35 个特高压工程，在运在建特高压线路总长度 4.8 万公里。随着电压等级的升高，固体绝缘材料表面闪络问题日益凸显，成为限制发展高压绝缘领域和先进输变电装备的瓶颈[1]。在气-固界面组成的绝缘系统中，如高压输电装备的绝缘子和绝缘支柱，由于外加强电场作用而发生表面闪络的电压是相同放电距离的固体介质体击穿电压的几分之一到几十分之一，是高压绝缘系统最薄弱的环节[2,3]。电力设备发生沿面闪络事故，轻则造成绝缘材料与电气设备的损坏，重则会对电网运行构成重大威胁，带来严重的人员安全威胁以及经济损失[4-6]。因此，如何增强绝缘材料沿面耐压性能，特别是耐污闪、耐湿闪性能，从而进一步提升电力设备在长期运行中的安全性、稳定性已经成为电气工程领域内的一个重要研究方向。

绝缘材料的沿面耐压性能与其形状结构、材料属性及工作环境等多因素有关，其中绝缘材料表面电学性能是影响其沿面耐压的重要因素。绝缘材料表面电学性能可由多个参数表征，如表面电阻、泄漏电流、表面电荷消散速率等，而这些表征参数均由材料表面物理化学特性所决定。通过表面改性可以改变绝缘材料表面物理形貌和化学成分，优化表面电学性能参数，进而提高表面电气绝缘性能。在传统应用中，主要采用物理打磨或涂覆方式对绝缘材料表面进行处理，但存在维护成本高、效率低、时效性差等问题。近年来随着表面处理技术发展，出现了直接氟化、磁控溅射、电子束辐照、纳米添加、热处理、臭氧处理和低温等离子体处理等一系列新方法和新工艺，在提高绝缘材料表面性能方面均取得一定成效[7-11]。其中，利用等离子体对绝缘材料进行表面改性进而提高表面电气绝缘性能的研究属于放电等离子体在高压绝缘领域的交叉研究方向，在高性能绝缘材料改性应用中具有独特的优势。等离子体改性提高绝缘材料表面性能过程如图 7.1 所示，通过改变反应媒质、驱动电源、反应器等参数，能够调节等离子体放电特性，控制材料表面改性物理化学过程，进而实现表面性能的综合改善。相较于其他方法，等离子体表面改性方法的突出优势在于通过采用合适的放电条件和参数，能够同时改变材料表面物理形貌和化学成分，可针对绝缘材料表面不同性能参数实现靶向调控。

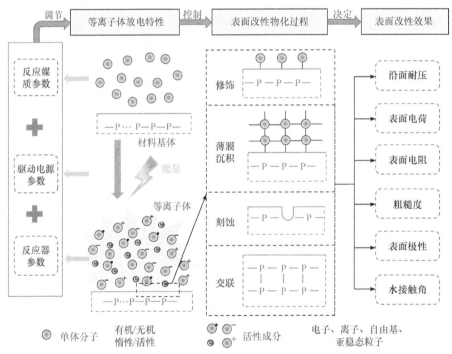

图 7.1　等离子体改性提高绝缘材料表面性能过程示意图

7.1　耐湿闪能力提高

在电力系统中，大量绝缘材料工作于户外环境，受雨雪等自然环境影响，其表面易附着水滴，导致其沿面耐压性能下降。利用 DBD 对绝缘材料表面处理，通过添加合适的疏水性前驱物并控制改性条件，可提高其表面疏水性，降低水滴在材料表面的浸润程度，超疏水的表面甚至可以使材料表面具有自清洁功能，有效抑制湿闪的发生[12-14]。通过在 DBD 工作气体中添加含 F 或含 Si 前驱物，改变改性条件和参数，包括驱动电源种类[8,9]及参数[10]、前驱物种类及浓度[11]、反应器结构[15]等，影响材料表面物理形貌和化学成分变化，进而提高潮湿环境下的表面电气绝缘性能。

　　本节将以一种常见的高分子聚合物绝缘材料 PMMA 为例，介绍如何通过控制 DBD 改性条件，如驱动电源类型、添加前驱物种类和比例、处理时间等，改变绝缘材料表面物化特性，提高其耐湿闪能力。

7.1.1　改性条件

　　图 7.2 给出了 DBD 绝缘材料表面改性系统结构示意图。反应器结构分为上盖和底座两部分，上盖采用石英玻璃材料，厚度 1 mm，开有两个中心相距 62 mm、直径 6 mm 的通气口，分别作为进气口和出气口；底座为石英玻璃培养皿，直径 70 mm、深 8 mm，底部介质的厚度为 1 mm。反应器内部加入厚度 1 mm、直径 60 mm 的 PMMA 样片。气路部分由主气路和辅气路两路构成，采用质量流量计控制两路流速之和为 1 L/min。主气路直接通入氩气，辅气路将氩气通过装有 HMDSO 的洗气瓶，最后两路汇聚成一路通入反应器中。整个反应器分别使用高频电源、微秒脉冲电源及纳秒脉冲电源驱动，设定三个电源的电压幅值 12 kV、频率 5 kHz，纳秒脉冲电源的上升沿 100 ns、脉宽 800 ns、下降沿 100 ns。

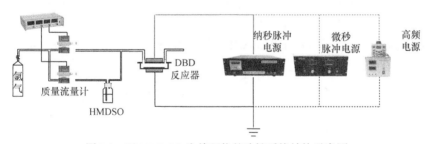

图 7.2　以 HMDSO 为前驱物的改性系统结构示意图

　　在 PMMA 材料改性前后对其表面的沿面耐压进行测量，分别测量干闪电压和湿闪电压。干闪电压是指表面清洁干燥条件下的闪络电压，而湿闪电压是指表面潮湿条件下的闪络电压，如人工雨喷淋。测量时所采用的施加电源为高压直流电源，将直流电源施加于两个指形电极之间，电极间距固定为 1 cm。在进行干闪电压测量时，将待测样片置于指形电极测试台凹槽内，并通过调压螺母将指形电极压紧在待测样片表面，以 0.1 kV/s 的速度调高直流电源输出电压，直到发生闪络；湿闪电压测量时，先将 2 μL 蒸馏水滴于两个指形电极中间位置，然后开始调高直流电源输出电压，直至闪络发生[16]。

7.1.2 不同驱动电源下的改性效果

在不同 HMDSO 添加比例下，采用不同驱动电源处理后 PMMA 表面的最大水接触角如图 7.3 所示。由图可见，以高频电源和微秒脉冲电源驱动，材料表面疏水性没有显著提升；纳秒脉冲电源驱动下，在 HMDSO 添加比例为 1.5%时，水接触角达到 161.6°，实现了超疏水改性。

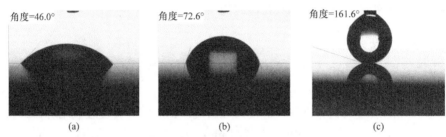

图 7.3　不同驱动电源处理 PMMA 表面的最大水接触角
(a) 高频；(b) 微秒脉冲；(c) 纳秒脉冲

对采用不同驱动电源处理后的 PMMA 材料表面进行沿面耐压测量，结果如图 7.4 所示。根据图 7.4(a)，三种电源激励下的表面改性都能使 PMMA 干闪电压提升，但提升效果存在显著差异。微秒脉冲电源驱动下的表面干闪电压提升效果整体高于高频电源驱动，并且 HMDSO 添加比例越大，提升效果越显著，而纳秒脉冲电源驱动下的表面干闪电压呈现先上升后下降的趋势，在添加比例为 1.5%时达到最大值 19 kV。不同 HMDSO 添加比例下湿闪电压测量结果如图 7.4(b)所示。

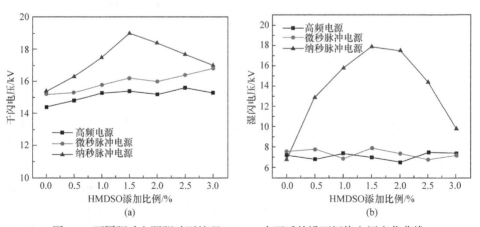

图 7.4　不同驱动电源驱动下处理 PMMA 表面后的沿面闪络电压变化曲线
(a) 干闪电压；(b) 湿闪电压

高频电源与微秒脉冲电源驱动下的表面湿闪电压较低，均在 6～8 kV 波动；而纳秒脉冲驱动下的表面湿闪电压随着添加比例的提升呈现先增后减的趋势，且在添加比例为 1.5%时达到最大值 17.9 kV，与干闪电压接近。根据上述结果，纳秒脉冲电源驱动下的 DBD 改性在合适的 HMDSO 添加比例下，能够有效提高材料表面的干闪和湿闪电压，改善材料沿面耐压性能。

7.1.3　改性效果调控方法

大气压 DBD 绝缘材料改性的效果取决于等离子体和绝缘材料表面物理化学作用。控制工作气体和运行条件参数，可以改变等离子体中活性粒子种类、能量分布和密度等，从而控制表面反应过程，达到预期改性效果。如在工作气体中添加不同种类和比例的前驱物可分别控制引入到表面的基团，从而控制表面疏水性变化；通过控制运行条件，增加绝缘材料表面粗糙度等特性，可调节其表面物理或化学陷阱，达到提高绝缘材料表面沿面耐压特性的目标。本节以反应前驱物比例和处理时间两种手段介绍如何调控改性效果。

目前常用的疏水改性前驱物有两类，一类是含 Si 媒质，如 HMDSO、PDMS、TEOS、TMS 等，另一类是含 F 媒质，以 CF_4 为代表。不同驱动电压幅值和流速下以 CF_4 为反应媒质的改性效果如图 7.5 所示。由图可见，随着电压幅值增加，水接触角增大。当电压幅值达到 40 kV 时，水接触角提升至 100°左右。随着 CF_4 流量的增加，水接触角也呈现增大趋势。

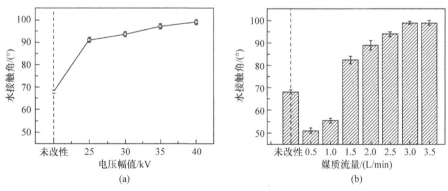

图 7.5　改性条件与疏水改性效果关系
(a) 电压幅值与水接触角关系；(b) 反应媒质流量与水接触角关系

在工业应用过程中，处理时间是一个重要的运行参数，直接决定生产效率。相同条件下，以纳秒脉冲电源驱动，HMDSO 添加比例为 1.5%，将 PMMA 样片分别进行 30～180 s 的处理，得到不同处理时间下的 PMMA 表面水接触角，如表 7.1 所示。由表可见，PMMA 材料表面水接触角随处理时间先增大后减小，最后趋于稳定。在处理时间为 120 s 时达到最大值为 161.6°，当处理时间超过 120 s 之后，表面依然呈现超疏水，但要略低于 120 s 时的水接触角。

表 7.1　不同处理时间下 PMMA 表面的水接触角

处理时间	0 s (未处理)	30 s	60 s	90 s	120 s	150 s	180 s
拍摄图片							
水接触角	72.4°	106.2°	125.5°	130.2°	161.6°	154.7°	154.7°

7.1.4　材料表面理化特性分析

　　材料表面理化特性分析是探究改性机理、揭示改性条件与改性效果关系的有效手段。以纳秒脉冲电源作为驱动电源，在第 7.1.1 节所述条件下对 PMMA 表面处理 120 s，对不同 HMDSO 添加比例下的 DBD 处理样品进行表面物理化学特性分析。利用 SEM 对未改性，以及不同 HMDSO 添加比例下改性后材料表面微观形貌进行观测。图 7.6 所示为未处理 PMMA 材料表面。从图像中可以看出，未处理的 PMMA 材料表面除了有轻微的划痕和少量的污渍以外，整体十分平整。

(a)　　　　　　　　　　　　　　　　(b)

图 7.6　未处理 PMMA 材料表面 SEM 图像

(a) 放大 10^4 倍；(b) 放大 1.5×10^4 倍

　　纯 Ar 条件下处理 PMMA 材料表面，SEM 图像如图 7.7 所示。对比图 7.6 可知，处理后材料表面出现细小的沟壑，这是 DBD 对材料表面刻蚀作用结果。从图

7.7(b)可以看出，细小沟壑的尺寸在百纳米量级，这些沟壑在水滴润湿过程中会出现毛细现象，将水滴铺开，产生亲水效应。当添加 1.5%的 HMDSO 后，表面形貌如图 7.8 所示。由图可见，含 Si 前驱物添加后，在 PMMA 表面形成了深浅分明的白色簇状结构。

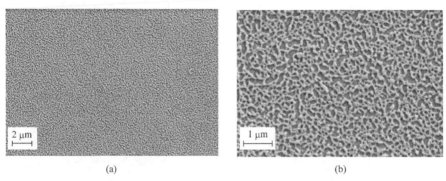

图 7.7　纯氩处理下的 PMMA 表面 SEM 图像

(a) 放大 10^4 倍；(b) 放大 3×10^4 倍

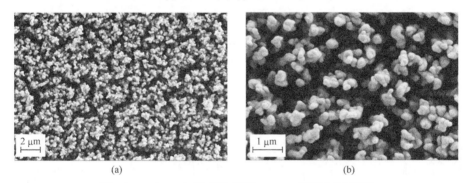

图 7.8　1.5%HMDSO 添加下的 PMMA 表面 SEM 图像

(a) 放大 10^4 倍；(b) 放大 3×10^4 倍

为深入了解 PMMA 表面微纳米粗糙结构的三维视图，拍摄处理前后材料表面 AFM 图像，选取范围为 10 μm×10 μm 的方格，结果如图 7.9 所示。在未处理的情况下，PMMA 表面较为平整；纯 Ar 处理的情况下，表面出现细小的凹坑，与图 7.7 所示 SEM 图像具有一致性；0.5%HMDSO 处理下，表面由于沉积了纳米颗粒而出现凸起；1.5%HMDSO 处理下，表面出现大量百纳米量级凸起，此时形成微纳米粗糙结构，为超疏水表面的形成提供了必要的物理形貌条件。

FTIR 可以对材料表面的官能团进行定性分析。PMMA 的主要成分为聚甲基丙烯酸甲酯，其主要含有 C、H、O 三种元素，组成 C—H、C=O、C—O 及 C—C 键。如图 7.10(a)所示，改性处理前，950～1100 cm^{-1} 存在 C—H 振动峰，1300～

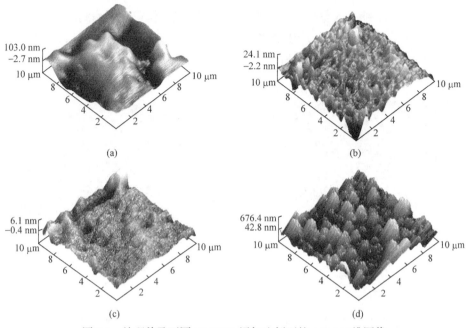

图 7.9　处理前及不同 HMDSO 添加比例下的 AFM 三维图像

(a) 未处理；(b) 纯 Ar 处理；(c) 0.5%HMDSO 处理；(d) 1.5%HMDSO 处理

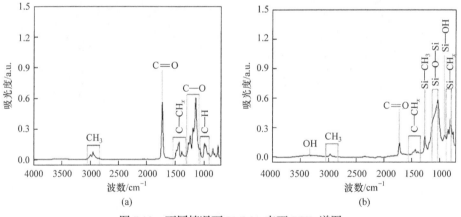

图 7.10　不同情况下 PMMA 表面 FTIR 谱图

(a) 未处理；(b) 1.5%HMDSO 处理

1600 cm^{-1} 存在 C—CH$_x$ 官能团，2951 cm^{-1} 处存在 CH$_3$ 的振动峰，1721cm^{-1} 处存在 C=O 的振动峰，1159 cm^{-1} 处存在来源于醚键 C—O 的振动峰。在添加了 HMDSO 以后，PMMA 表面的 FTIR 谱图发生了变化，如图 7.10(b)所示。相较于图 7.10(a)，改性后出现了 Si—O—Si、Si—OH、Si—CH$_3$ 等含硅基团，这些基团是表面所沉积有机硅膜的主要官能团，也是促成表面疏水效应的关键基团。

为对改性处理前后材料表面化学成分进行更加精确的定量分析,通过 XPS 对材料表面的 C、O、Si 三种元素比例进行测试。图 7.11(a)给出了 PMMA 材料在处理前的 XPS 全谱扫描谱线,未处理 PMMA 的 XPS 谱线以 284.0 eV 处的 C1s 峰和 532.0 eV 处的 O1s 峰为主,并未检测出明显的 Si 元素谱线。HMDSO 添加后,如图 7.11(b)所示,在 XPS 全谱的 102.8 eV 和 153.8 eV 处检测出 Si2p 及 Si2s 谱线,说明经过 HMDSO 添加处理后,材料表面出现了含硅基团。

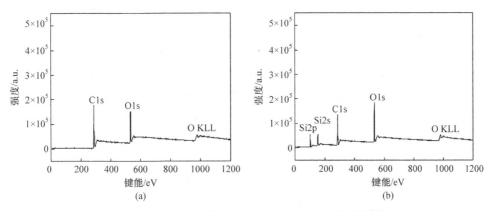

图 7.11　不同情况下的 PMMA 表面 XPS 全谱扫描谱线

(a) 未处理; (b) 1.5%HMDSO 处理

表 7.2 给出了根据分峰后所得材料表面的 C、O、Si 三种元素在处理前后的比例变化情况。由表可知,PMMA 在改性处理前主要由 C 和 O 两种元素构成;在添加了 1.5%的 HMDSO 后,C 元素比例下降至 37.0%,Si 的元素比例上升至 14.0%,说明 HMDSO 分子受等离子体内高能粒子作用形成分子碎片,进而在材料表面发生沉积聚合反应形成含硅有机薄膜。

表 7.2　XPS 检测所得的处理前后材料表面化学成分比例

处理情况	元素含量/%		
	C	O	Si
未处理	54.0	45.3	0.7
1.5%HMDSO	37.0	49.0	14.0

7.1.5　沿面耐压性能提升机制分析

由图 7.4 所示结果可以发现,干闪电压在改性前后得到了小幅度的提升。关于沿面闪络发展机制,国内外学者通过实验发现,在真空条件下材料表面二次电子的发射是决定沿面闪络发展过程的关键条件[17,18]。大气压下的沿面闪络发展物理过程更为复杂，相关机制研究尚不成熟。本节参考真空沿面闪络发展机制分析大气压下的沿面闪络发展过程。当指形电极间电压逐渐升高后，位于阴极位置处的空气、电极、绝缘材料三者交界处将在高压电场下产生一次电子，其将在电场作用下向阳极运动，并于运动过程中和绝缘材料表面发生碰撞电离，从而进一步产生二次电子。碰撞产生的二次电子能否从绝缘材料表面逸出取决于此时绝缘材料表面的二次电子发射系数，当其值小于 1 时，二次电子会被材料吸收，而当其值大于 1 时，绝缘材料表面能够发射出二次电子，并进一步使上述过程重复发展下去。与此同时，电子与材料表面的碰撞过程中还能够与吸附在绝缘材料表面的气体分子发生碰撞，从而导致材料表面气体分子发生解吸附及碰撞电离。由以上过程产生的二次电子继续在电场作用下向阳极运动，并进一步加剧上述发展过程，最终使得电子崩发展至阳极，在绝缘材料表面形成贯穿阴极和阳极的气体放电通道。在相同环境条件下，干闪电压主要决定于材料表面物理形貌和化学成分，下面结合材料表面物化特性分析干闪电压提升机制。

由 7.1.4 节对材料改性前后的表面理化特性分析结果可知，经过 DBD 改性处理后，材料表面的粗糙度由纳米量级提升至百纳米量级，该尺度下的粗糙度提升能够使得电子在电场作用下的运动距离变大。同时，粗糙度的提升也会使得电子与材料表面的碰撞概率得到提升，从而减小电子在电场中的加速距离，使得电子更容易被材料表面所吸收。因此，改性处理后材料表面粗糙度显著提升，是导致其沿面耐压性能提升的一个重要原因。同时，关于改性前后材料表面化学成分分析也表明，改性处理能够沉积以 Si—O—Si、Si—CH₃ 为主要成分的薄膜，导致材料表面电荷的陷阱能级变浅，二次电子发射系数降低，二者综合作用，达到提升沿面闪络电压效果[15]。

材料表面经过改性处理后，其表面湿闪电压得到极为显著的提升，这一结果除了与前述干闪电压提高有关外，与改性前后材料表面因疏水性不同导致的液滴形状变化也有很大关系。改性处理前后材料表面液滴形状如图 7.12 所示。在相同的外施电压作用下，由于液滴在材料表面润湿性不同，未处理样片表面的电场强度大于改性处理后的疏水样片表面的电场强度，更远大于改性处理后的超疏水样片表面的电场强度。因此未处理样片表面更强的电场导致其更容易发生沿面闪络。对于超疏水表面，不仅其表面电场强度小致使其更难以被击穿，而且液滴能够捕获材料表面的电荷，从而在电场力的作用下发生移动，难以附着在材料表面，甚至离开材料表面，这使得其湿闪电压提升效果显著。

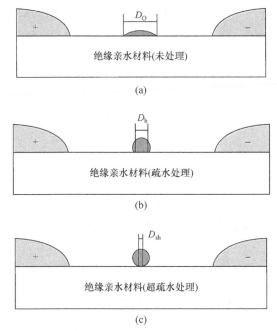

图 7.12　改性处理前后材料表面液滴示意图

(a) 未处理表面(水接触角 <90°)；(b) 疏水处理表面(90°< 水接触角 <150°)；
(c) 超疏水处理表面(水接触角 >150°)

7.2　环氧树脂表面电荷积聚抑制

环氧树脂材料具备良好的电气性能和机械性能，已在高压绝缘领域得到广泛使用。环氧树脂处于高场强环境中时，气-固交界处容易积聚表面电荷，造成电场畸变，局部发生放电等现象，将直接影响环氧树脂的绝缘性能，进而导致沿面闪络甚至更严重的事故发生，威胁电力系统的安全稳定运行[19,20]。因此，本节主要介绍利用大气压等离子体对环氧树脂材料进行表面改性，并对比氟化改性技术，探究改性前后电荷消散、表面形貌、化学成分等特性，以及提高环氧树脂沿面耐压性能的机理。

7.2.1　改性条件

图 7.13 所示为改性用环氧树脂样品。将环氧树脂样品分为未处理、大气压DBD 刻蚀、DBD 沉积、氟化改性(作为对比)四组，进行改性处理和分析。改性前使用无水乙醇和无尘布擦拭环氧树脂样品，以去除表面杂质。然后放入真空干燥箱中加热 10 h，温度为 70℃，气压为 3000 Pa，以去除水分。

图 7.14 所示为大气压 DBD 改性处理装置的示意图。DBD 反应器由两块

图 7.13　环氧树脂样品

直径为 40 mm 的圆形铝电极组成，放电气隙距离为 2 mm。DBD 沉积处理时，Ar 分为两路，一路 Ar 通入装有前驱物 TEOS 的洗气瓶中，气体流量为 0.5 L/min，与另一路流量为 2 L/min 的 Ar 混合，通过侧吹装置通入放电气隙中，DBD 沉积时间为 10 min。DBD 刻蚀处理时，仅利用 Ar 放电实现刻蚀作用，无前驱物，DBD 刻蚀时间为 5 min。图 7.15 所示为 DBD 沉积改性时的电压电流和功率能量图。稳定放电时，DBD 沉积的峰值电压约 11 kV，峰值电流约 5.7 A。一个放电周期内的最大瞬时功率约 32 kW，积累能量约 2.4 mJ。

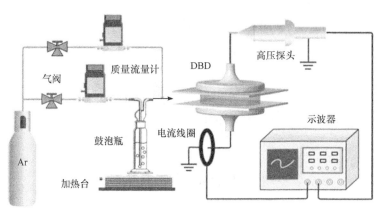

图 7.14　大气压 DBD 改性装置示意图

7.2.2　表面电荷积聚和消散特性

图 7.16 为环氧树脂样品改性处理后的表面电荷密度和消散率随时间的变化曲线。当样品在针电极正下方充电时，表面电荷将积聚在中心区域。结果表明，未处理样品的初始电荷密度为 53.8 pC/mm^2，800 s 内的电荷消散率低于 3%。DBD 刻蚀、DBD 沉积和氟化改性样品的初始表面电荷密度分别为 32.3 pC/mm^2、12.8 pC/mm^2 和 22.6 pC/mm^2。消散时间为 800 s 时，DBD 刻蚀的电荷消散率为 35.9%，而 DBD 沉积和氟化改性的电荷消散率均超过 97%，且 200 s 内的电荷消散率已达到 80%。由图 7.17 的表面电位分布可知，未处理样品的表面电位分布呈雨伞状，中心区域电位值最高，可达 3280 V，沿径向逐渐减小。DBD 刻蚀样品的电位分布呈现斜率很小的斜坡，表面电位的最大值和最小值之差为 254 V。DBD 沉积样品的表面电位分布呈现斜率逐渐减小的曲面，最小电位已降至 8 V。氟化改性样品的表面电位分布呈现坡度较大的斜面，最大值和最小值之差为 753 V。

与未处理样品相比，DBD 刻蚀、DBD 沉积和氟化改性后的最大表面电位分别降至未处理时的 60.0%、23.3% 和 42.0%，三种处理方式均使中心区域表面电荷积聚减少。

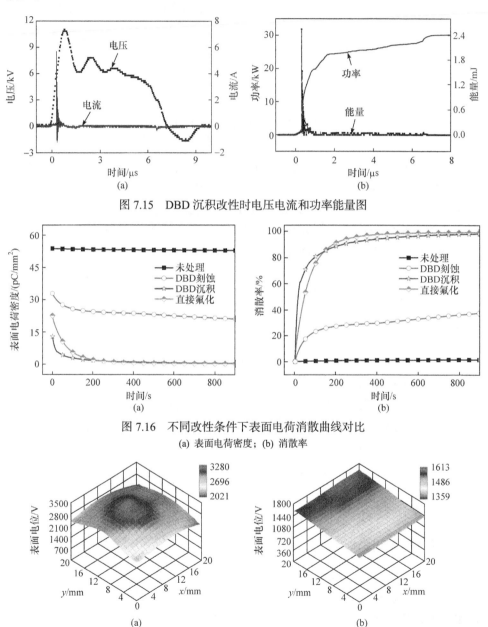

图 7.15　DBD 沉积改性时电压电流和功率能量图

图 7.16　不同改性条件下表面电荷消散曲线对比

(a) 表面电荷密度；(b) 消散率

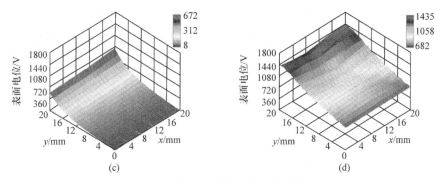

图 7.17　不同改性条件下表面电位分布

(a) 未处理；(b) DBD 刻蚀；(c) DBD 沉积；(d) 氟化改性

图 7.18 所示为环氧树脂在不同改性条件下的陷阱能级分布曲线。未处理样品的表面陷阱能级中心为 1.03 eV。DBD 刻蚀处理后，表面陷阱能级分别在 0.91 eV 和 1.01 eV 处出现双峰，尽管 DBD 刻蚀在环氧树脂表面引入了一些浅陷阱，但表面电荷消散速度提升较少。DBD 沉积处理后，表面陷阱能级的峰值分别下降至 0.89 eV 和 0.96 eV，表面电荷消散加快。

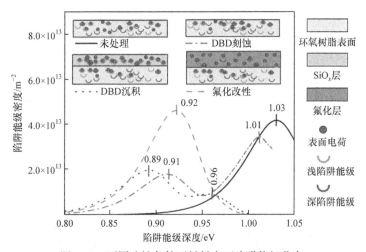

图 7.18　不同改性条件下材料表面陷阱能级分布

7.2.3　表面物理化学特性

图 7.19 所示为不同改性条件下样品的体积电导率和表面电导率。与未处理样品相比，各改性条件下样品的体积电导率和表面电导率均升高，但表面电导率升高更显著，从 1×10^{-15} S 升高至 1×10^{-13} S。表面电导率升高，有利于积聚电荷的快速消散，提高表面绝缘性能。

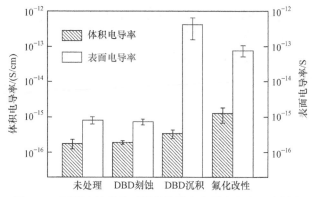

图 7.19　不同改性条件下样品的体积电导率和表面电导率

图 7.20 为不同处理条件下利用 AFM 测量的表面形貌。结果表明，未处理样品表面出现了大量的颗粒和连续峰，R_a 和 R_q 值分别为 66.8 nm 和 86.5 nm。经过 DBD 刻蚀后的表面粗糙度与未处理样品相比变化很小，R_a 和 R_q 值分别下降到 45.0 nm 和 57.2 nm。DBD 沉积后的表面有大量百纳米高度的小粒径凸起，整体结构趋于规则排列，将有利于提高电场的均匀性，R_a 和 R_q 值分别降至 18.4 nm 和 22.9 nm。而氟化改性的表面出现了少量高度约 500 nm 的高尖峰，这些位置更容

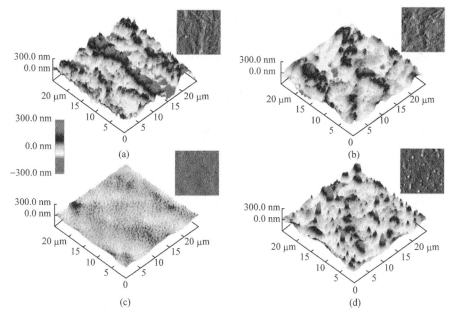

图 7.20　AFM 表面形貌测量结果

(a)未处理；(b)DBD 刻蚀；(c)DBD 沉积；(d)氟化改性

易积聚电荷，大部分区域则较为平坦紧实，但加热过程中释放的热量导致部分区域膨化，R_a 和 R_q 值分别为 40.6 m 和 56.6 nm。通过对比图 7.21 所示各处理条件下的平均 R_a 和 R_q 值可知，DBD 刻蚀和 DBD 沉积后，材料表面粗糙度降低。

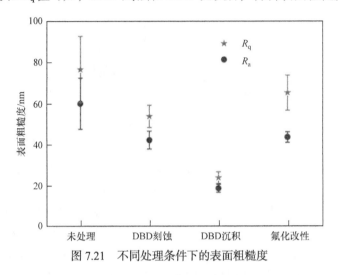

图 7.21　不同处理条件下的表面粗糙度

图 7.22 为不同处理条件下的表面化学基团和薄膜厚度。表面处理前，主要包含 C—H($2962\ cm^{-1}$、$2927\ cm^{-1}$、$2872\ cm^{-1}$、$1460\ cm^{-1}$、$1180\ cm^{-1}$ 和 $827\ cm^{-1}$)、C=O($1732\ cm^{-1}$)、C=C($1606\ cm^{-1}$ 和 $1506\ cm^{-1}$)的吸收峰。这些吸收峰在 DBD 刻蚀后基本无变化。$1046\ cm^{-1}$ 处的 Si—O—Si 和 $960\ cm^{-1}$ 处的 Si—OH 基团出现在 DBD

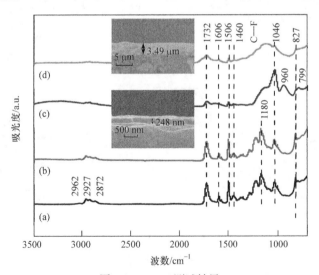

图 7.22　FTIR 测试结果

(a) 未处理；(b) DBD 刻蚀；(c) DBD 沉积；(d) 氟化改性

沉积后的表面，C=O 和 C=C 等基团大幅减少，还引入了—OH(3700～3100 cm⁻¹)等极性基团，使表面亲水性增强[20]。氟化改性的样品在 1350～900 cm⁻¹ 呈现出较宽的 C—F$_n$ 基团吸收峰，因此造成相同波数范围内其他基团的吸收峰降低。由 SEM 测试样品横截面可知，DBD 沉积的薄膜厚度为 248 nm，而氟化改性的薄膜厚度为 3.49 μm。

图 7.23 所示为材料 XPS 测试的谱线分布，主要包括 C、O、Si、F 四种元素。DBD 刻蚀和 DBD 沉积后的表面引入大量 O 元素，峰面积均为未处理样品的 3 倍左右，C 元素峰面积则基本不变，且 DBD 沉积后的 Si 元素峰面积有所增加。氟化改性除了引入 F 元素外，C 元素峰面积增加约 1 倍，主要归因于 C—F$_n$ 基团的引入，且 Si 元素被氟化层覆盖后基本消失。表 7.3 列出了各元素占比，由表可见，未处理样品的 C、O 和 Si 的含量分别是 58.22%、23.29% 和 17.26%。三种表面处理方式中，DBD 刻蚀 C/O 比值最小，主要是因为环氧树脂表面形成了较多的含氧极性基团，O 元素含量增加。DBD 沉积后的样品由于 SiO$_x$ 薄膜的存在，使 Si 元素和 O 元素同时增加，因此 C/O 比值稍高于 DBD 刻蚀样品。氟化改性的 C/O 比值超过未处理，这是由于 O 元素含量下降而 C 元素含量增多所致。

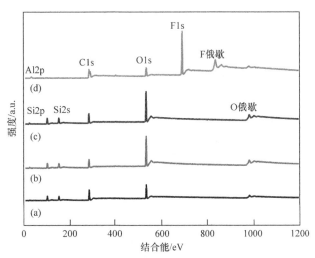

图 7.23 不同处理条件下材料的 XPS 谱线
(a) 未处理；(b) DBD 刻蚀；(c) DBD 沉积；(d) 氟化改性

表 7.3 各元素占比

处理方式	元素含量/%					
	C	O	Si	F	C/O	C/F
未处理	58.22	23.29	17.26	—	250	—
DBD 刻蚀	31.28	48.75	17.98	—	66.9	—

续表

处理方式	元素含量/%					
	C	O	Si	F	C/O	C/F
DBD 沉积	34.26	42.22	22.47	—	81.1	—
氟化改性	46.44	11.69	—	40.93	397	113

图 7.24 是基于 XPS 谱线的 C 元素分峰拟合结果。图 7.24(a)所示的未处理表面仅包括 C—C/C—H (284.7 eV)和 C—O (286.2 eV)两种含碳基团。图 7.24(b)所示为 DBD 刻蚀后出现附加的 C=O/O—C=O (288.8~289.5 eV)，这也是亲水性大幅增强的重要原因。图 7.24(c)表明 DBD 沉积后，各含碳基团种类与 DBD 刻蚀样品相同，且 C—C/C—H 基团的含量最高。图 7.24(d)所示表明直接氟化后，还引入了三种新基团，即 CF$_3$(293.5 eV)、CF$_2$ (291.2 eV)和 CF(287.8 eV)，尽管 CF$_2$ 基团具有疏水性，但 C=O/O—C=O 基团的大量引入使表面最终呈现亲水性质[21,22]。

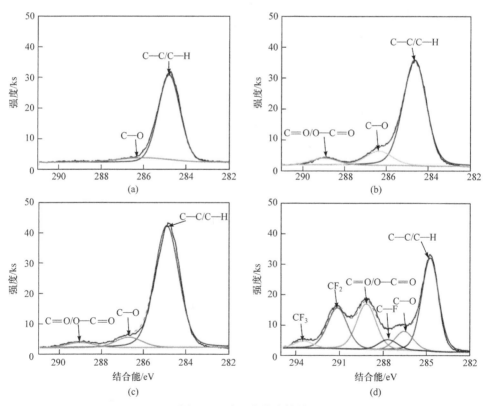

图 7.24　碳元素分峰结果

(a) 未处理；(b) DBD 刻蚀；(c) DBD 沉积；(d) 氟化改性

不同改性条件下材料的平均闪络电压值如图 7.25 所示。施加电源为负极性高压直流源。未处理样品的平均闪络电压值为-7.8 kV 左右。DBD 沉积样品的闪络电压显著提高 15%。主要是由于 DBD 沉积后电荷消散率的适当提高，抑制了电荷积聚现象。并且，均匀的凸起结构增加了爬电距离，同时有效降低自由电子间的碰撞概率。

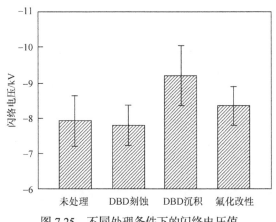

图 7.25 不同处理条件下的闪络电压值

7.2.4 薄膜沉积抑制表面电荷积聚机理

根据等温表面电位衰减法(ISPD)，载流子迁移率与陷阱能级、陷阱密度密切相关，表面深陷阱的增加能限制载流子的注入，而浅陷阱的增加有利于电荷迁移。材料的电导率与陷阱能级紧密相关。如果材料表面电导率较小，表面深陷阱的比例较高，从浅陷阱脱陷的载流子容易被深陷阱再次捕获，表面迁移率很低，且难以穿过基体到达地电极，导致表面电荷积聚严重。沉积改性后可有效调控表面电导率。结合图 7.19 沉积改性后电导率的测量结果分析，DBD 沉积处理前后的电荷消散途径如图 7.26 所示。DBD 沉积改性后表面电导率显著增加，载流子的主要的消散途径为沿环氧表面，沉积后表面电荷大部分沿材料表面快速消散，电荷积聚得到抑制。而 DBD 沉积改性后体积电导率变化较小，载流子沿基体难以形成稳定有效的消散路径，沿基体消散较少。

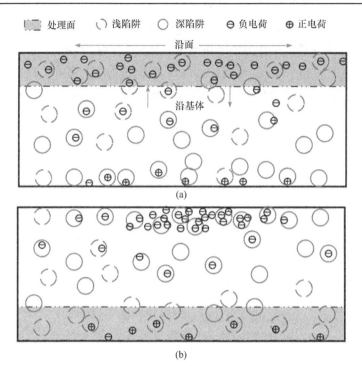

图 7.26　沉积处理前后的电荷消散途径示意图

(a) 处理前；(b) 处理后

7.3　有机玻璃真空沿面耐压提高

脉冲功率设备一般运行在高场强等极端环境中,其中的固体绝缘材料-真空界面是绝缘系统的薄弱环节[23,24]。固体绝缘材料虽然有较高的击穿强度,但固体绝缘材料-真空交界面上存在着沿面闪络现象,这使得真空设备的耐压能力大幅降低,影响设备正常运行。PMMA 材料具有优良的绝缘性能和高透光性,是一种常见的固体绝缘材料。本节主要介绍利用等离子体改性技术对 PMMA 材料进行表面改性,提高绝缘材料的真空沿面耐压性能。

7.3.1　改性条件

DBD 表面改性装置中,驱动电源采用微秒脉冲电源(输出电压 20～30 000V,重复频率 1000～3000 Hz)。放电电极为平行圆板铝电极,放电间隙为 2 mm。工作气体采用 Ar 和 CF_4,Ar 流量为 4 L/min,CF_4 流量为 0.4 L/min。改性用 PMMA 样品厚度为 2 mm,面积 50 mm×50 mm,处理前依次放入丙酮、酒精和去离子水中清洗,然后使用超声波清洗仪除去表面附着杂质,最后在真空干燥箱中烘干[25]。

7.3.2　表面形貌和表面成分

图 7.27 所示为改性前后 AFM 测量的表面形貌。计算可知，相比于未处理样品的 R_a 和 R_q 分别为 3.4 nm 和 4.6 nm，疏水改性至 80°的 R_a 和 R_q 分别增大到 8.0 nm 和 9.3 nm，疏水改性至 90°的 R_a 和 R_q 分别增大到 9.3 nm 和 11.8 nm。因此，随着 PMMA 表面粗糙度的升高，表面水接触角变大，呈现疏水效果。

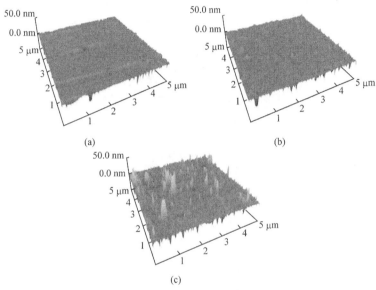

图 7.27　改性前后 AFM 表面形貌测试结果

(a) 未处理；(b) 疏水处理至 80°；(c) 疏水处理至 90°

图 7.28 所示为未处理 PMMA 样品的 XPS 谱线，可以检测到 PMMA 主要构成元素为 C 和 O，此外还检测到少量 Si 和 N 元素的存在。Si 来源于材料制作过

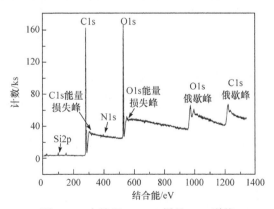

图 7.28　未处理 PMMA 样品 XPS 谱线

程中掺入的杂质，而 N 来源于材料表面吸附的 N_2。图 7.29 是疏水改性后 80°、90°、100°三种 PMMA 样品的 XPS 谱线。由图可知，经等离子体改性处理后，PMMA 样品水接触角从 68°提升至 80°时，表面开始检测到少量 F 元素成分，同时 C 元素和 O 元素含量略有下降。水接触角提升至 90°的样品表面，F 元素含量显著上升。水接触角提升至 100°的样品表面，检测到大量 F 元素，同时 C 元素和 O 元素含量急剧下降。

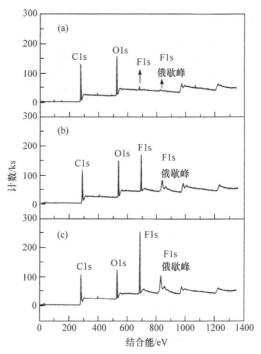

图 7.29　疏水改性后 PMMA 样品 XPS 谱线
(a) 疏水改性至 80°；(b) 疏水改性至 90°；(c) 疏水改性至 100°

　　由图 7.30 的 C1s 分峰谱线可以看出，经过疏水处理的样品，出现了 C—F 键和 C—F_n 键，其中 C—F 键所占比例高于 C—F_n 键。改性至 90°的样品分峰谱线如图 7.31 所示，由各键能峰值来看，C—F_n 键比例增加，C≡O 键持续减少，C—O 键数量基本不变但略有增加，增加的幅度小于 C≡O 键减少的幅度，这是由于少量 C≡O 键被打断后生成 C—O 键，而部分 C—O 键也被打断。综上所述，PMMA 疏水改性中存在的化学键断裂如图 7.32 所示，包括烷基脱氢、碳氧键断裂、酯基侧链断裂等。

7.3.3　真空沿面闪络特性

　　改性前后真空沿面闪络电压测试结果如图 7.33 所示。真空沿面闪络测试电源

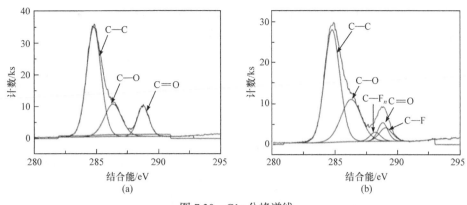

图 7.30　C1s 分峰谱线

(a) 未处理样品；(b) 疏水处理至 80°样品

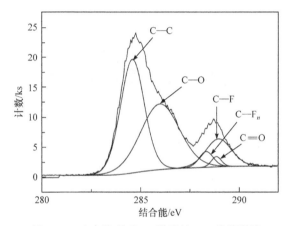

图 7.31　疏水处理至 90°样品的 C1s 分峰谱线

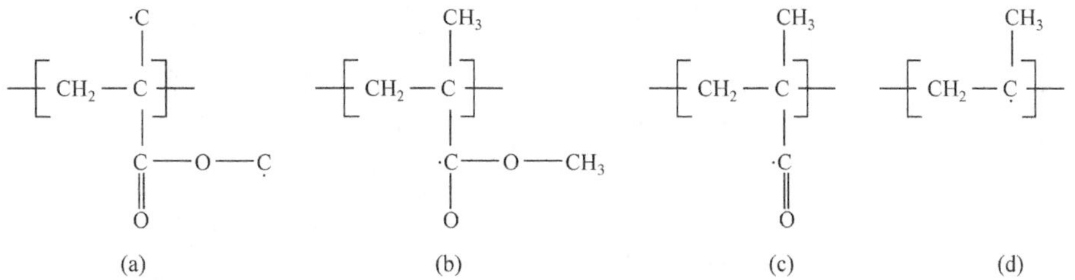

图 7.32　PMMA 疏水改性中存在的化学键断裂

(a) 烷基脱氢；(b) C=O 双键断裂；(c) C—O 单键断裂；(d) 酯基侧链断裂

为微秒脉冲电源。在不同电极间距情况下，疏水处理后的 PMMA 材料真空沿面闪络耐压强度均有提高的趋势，并且整体上疏水改性效果增强，耐压强度也随之增强。当电极间距为 5 mm 时，与 3 mm 间距类似，三种不同水接触角范围的样品，随着疏水改性效果的提升，初始闪络电压分别提高了 3.2%、12.6% 和 20.0%，连续闪络电压分别提高了 1.3%、18.3%和 20.2%。当电极间距为 1.5 mm 时，由于闪络区域相对较小，闪络电压提升出现饱和现象。

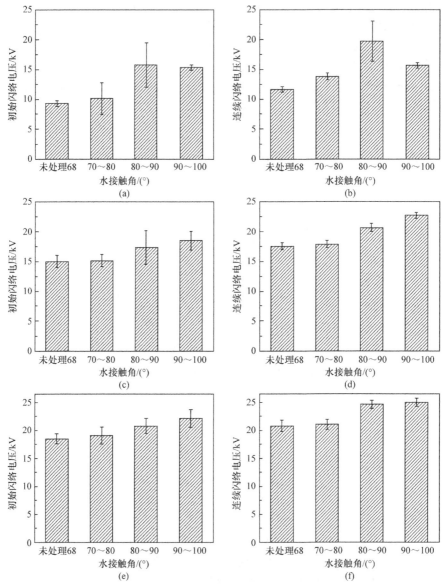

图 7.33 改性前后 PMMA 真空沿面闪络电压

(a)(b) 电极间距 1.5 mm；(c)(d) 电极间距 3 mm；(e)(f) 电极间距 5 mm

7.3.4 真空沿面闪络电压提升机理

真空沿面闪络的过程一般认为分三个阶段：①起始阶段，初始电子产生；

②发展阶段，电子倍增；③形成贯穿放电通道，闪络击穿。对于沿面闪络第二个发展阶段，可由 Anderson 等提出的二次电子发射崩(SEEA)模型进行解释。SEEA模型如图 7.34 所示，该模型认为二次电子发射不仅是沿面闪络发展过程中电子倍增的原因，也是绝缘材料表面解吸附气体的原因，这两个过程是形成沿面闪络的必要条件。当在绝缘材料两端施加电压时，电极、绝缘材料和真空的三结合处存在微观凸起和微小间隙，局部电场强度较高，场致发射产生一次电子。一次电子在电场的作用下被加速获得能量并撞击绝缘材料表面。对应不同的二次电子发射系数，当二次电子发射系数小于 1 时，一次电子被绝缘材料吸收，当二次电子发射系数大于 1 时，从绝缘材料表面发射二次电子。发射二次电子后，绝缘材料表面留下正电荷，而后不断发生的一次电子碰撞材料表面、二次电子发射、二次电子再次碰撞绝缘表面使其积累大量正电荷，导致电子崩（即二次电子发射崩），在电场的作用下向阳极移动。电子不断撞击材料表面的同时，表面吸附气体由于电子激励获得能量，当这些能量达到一定值时这些分子可以克服绝缘材料表面的吸引而产生解吸附。解吸附的气体分子被电子碰撞而发生电离，产生更多电子。最终材料表面形成贯穿的放电通道，发生沿面闪络。

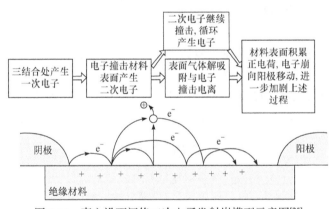

图 7.34　真空沿面闪络二次电子发射崩模型示意图[25]

　　进一步，分别对未处理原始样品，疏水改性至 70°～80°样品和疏水改性至90°～100°样品进行二次电子发射系数测量分析。三组样品的二次电子发射系数曲线如图 7.35 所示。从测量结果中可以看出，经 DBD 改性处理的 PMMA 材料，其二次电子发射系数明显降低，这是疏水改性后真空沿面耐压性能提高的主要原因。结合表面形貌和表面成分测试结果，分析认为 DBD 疏水改性能够在 PMMA 表面引入 F 元素的同时增加其表面粗糙度。F 作为较深能级的电子陷阱，加上粗糙度的共同作用，能够有效俘获电子并抑制其继续发射，降低二次电子发射系数，从而使得真空沿面闪络电压显著提升。

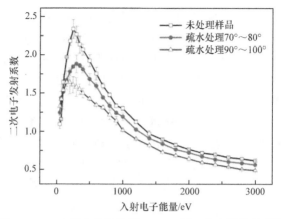

图 7.35　DBD 疏水改性前后 PMMA 的二次电子发射系数

7.4　本章小结

本章介绍了 DBD 等离子体在高压绝缘材料领域的表面改性应用研究。在高频、微秒脉冲和纳秒脉冲三种电源驱动下，通过在 DBD 反应器中添加含 Si 前驱物进行绝缘材料改性，在合适的添加比例下能够提高其表面疏水性，进而提高其湿闪电压，其中纳秒脉冲电源激励下能够在材料表面产生超疏水薄膜，大幅度提高材料表面湿闪电压。针对环氧树脂材料，与未处理样品相比，DBD 刻蚀、DBD 沉积和氟化改性均可使表面电荷消散加快，并且使闪络电压显著提高。采用 Ar/CF$_4$ 对 PMMA 材料进行改性处理，可以获得疏水性表面，真空沿面闪络电压也随之提高。

参 考 文 献

[1] 周远翔, 关志成. 特、超高压输变电技术发展动态[J]. 高电压技术, 2001, 27(2): 49-51.

[2] 李盛涛, 聂永杰, 闵道敏, 等. 固体电介质真空沿面闪络研究进展[J]. 电工技术学报, 2017, 32(8): 1-9.

[3] 王铭民, 周志成, 王凯琳, 等. 高电导率雾对染污瓷绝缘子闪络特性的影响[J]. 高压电器, 2016, 1: 30-35.

[4] 贾志东, 曾智阳, 陈灿, 等. 特殊污秽条件下复合绝缘材料的性能[J]. 高电压技术, 2016, 42(3): 885-92.

[5] 戴罕奇, 孙月, 王黎明. 基于特征参量 K_{h10} 的复合绝缘子污闪试验[J]. 电工技术学报, 2020, 35(24): 5207-5217.

[6] 谢雄杰, 刘琴, 许佐明, 等. SF$_6$ 气体绝缘直流穿墙套管污秽闪络特性[J]. 高电压技术, 2018, 44(6): 1806-1813.

[7] Mmh A, Qhtb C, Msps A, et al. Improvement of mechanical strength of hydrophobic coating on glass surfaces by an atmospheric pressure plasma jet[J]. Surface and Coatings Technology, 2019, 357(15): 12-22.

[8] Ran H, Song Y, Yan J, et al. Improving the surface insulation of epoxy resin by plasma etching[J]. Plasma Science and Technology, 2021, 23(9) 148-157.

[9] Youngblood J P, Mccarthy T J. Ultrahydrophobic polymer surfaces prepared by simultaneous ablation of polypropylene and sputtering of poly(Tetrafluoroethylene) using radio frequency plasma[J]. Macromolecules, 1999, 32(20): 6800-6806.

[10] Inoue Y, Yoshimura Y, Ikeda Y, et al. Ultra-hydrophobic fluorine polymer by Ar-ion bombardment[J]. Colloids and Surfaces B: Biointerfaces, 2000, 19(3): 257.

[11] Duan L, Liu W, Ke C, et al. Significantly improved surface flashover characteristics of insulators in vacuum by direct fluorination[J]. Colloids and Surfaces A: Physicochemical and Engineering Aspects, 2014, 456:1-9.

[12] 张迅, 曾华荣, 田承越, 等. 大气压等离子体制备超疏水表面及其防冰抑霜研究[J]. 电工技术学报, 2019, 34(24): 5289-5296.

[13] 金海云, 周慧敏, 卫世超, 等. 污秽超疏水硅橡胶表面的润湿闪络特性研究[J]. 中国电机工程学报, 2020, 40(17): 5690-5700.

[14] 郝犇珂, 陈俊武, 谢毅, 等. 超疏水和 RTV 涂层表面覆冰剪切强度及其影响因素的对比分析[J]. 高电压技术, 2020, 46(12): 4227-4233.

[15] Shao T, Zhou Y, Zhang C, et al. Surface modification of polymethyl-methacrylate using atmospheric pressure argon plasma jets to improve surface flashover performance in vacuum[J]. IEEE Transactions on Dielectrics and Electrical Insulation, 2015, 22(3): 1747-1754.

[16] Li Y, Jin H, Nie S, et al. Effect of superhydrophobicity on flashover characteristics of silicone rubber under wet conditions[J]. AIP Advances, 2018, 8(1): 015313.

[17] 林海丹, 刘熊, 梁义明, 等. 绝缘材料沿面闪络发展特性的研究进展[J]. 绝缘材料, 2015, 7: 1-8.

[18] Anderson R A. Mechanism of fast surface flashover in vacuum[J]. Applied Physics Letters, 1974, 24(2): 54-56.

[19] 梅丹华, 方志, 邵涛. 大气压低温等离子体特性与应用研究现状[J]. 中国电机工程学报, 2020, 40 (4): 1339-1358.

[20] 马翊洋. 大气压等离子体薄膜沉积提高环氧树脂沿面耐压机理研究[D]. 郑州: 郑州大学, 2019.

[21] Zhang C, Ma Y, Kong F, et al. Surface charge decay of epoxy resin treated by AP-DBD deposition and direct fluorination[J]. IEEE Transactions on Dielectrics and Electrical Insulation, 2019, 26(3):768-775.

[22] 刘熊. 微秒脉冲下环氧树脂沿面闪络与老化特性研究[D]. 北京: 华北电力大学, 2016.

[23] Zhang C, Ma Y, Kong F, et al. Atmospheric pressure plasmas and direct fluorination treatment of Al_2O_3-filled epoxy resin: A comparison of surface charge dissipation[J]. Surface and Coatings Technology, 2019, 362: 1-11.

[24] Kong F, Chang C, Ma Y, et al. Surface modifications of polystyrene and their stability: A comparison of DBD plasma deposition and direct fluorination [J]. Applied Surface Science, 2018, 459: 300-308.

[25] 牛铮. 大气压等离子体射流及其改善 PMMA 真空沿面闪络特性的研究[D].北京: 中国科学院大学, 2014.

第8章　新能源领域的介质阻挡放电材料表面改性应用

化石能源巨量的消耗和能源危机引发的环境问题日趋严重，迫使人们寻求新的能源技术。近年来，太阳能、氢能、风能、核能等新能源技术迅速发展起来，对与之相关的材料性能，尤其是表面性能提出了新的要求。等离子体材料表面改性技术在不改变材料基体性能的基础上实现材料表面的按需改性，以满足新能源领域的应用需求。本章将在概述等离子体在新能源领域材料表面改性应用的基础上，以太阳能电池板背膜表面能提升、锂离子电池集流体箔材黏结性能提升、新能源汽车金属薄板高张力表面处理及太阳能反射镜覆漆面黏结性能提升为例，介绍 DBD 表面改性技术在新能源领域应用的优势、方法、装置和效果。

8.0　引　　言

为应对能源危机和温室气体效应等环境问题，我国已作出了"力争 2030 年前实现碳达峰，2060 年前实现碳中和"的重大战略决策。探索和发展新能源技术是实现"双碳"目标的重要途径。太阳能、风能等新能源可以直接转化为电能作为能源供给，或存储在电池、电容中以备后续之用，也可以通过一定的化学反应转化成重要化工产品和燃料。无论哪种利用形式，发展高效可靠的能量转化和存储设备是关键。目前，能源转化设备主要有燃料电池、太阳能光伏电池、太阳能热发电系统、风力发电系统等；能量存储设备主要包括电池，特别是锂离子电池和超级电容器。与上述设备相关的材料性能，尤其是表面性能是影响其应用效果的重要因素，而材料表面改性是提升其表面性能的途径之一。等离子体技术以其独特的优势在新能源领域材料改性中逐步发挥重要作用[1,2]。例如，对于太阳能光伏电池，等离子体处理多晶硅电池表面具有使氮化硅表面钝化、去除磷硅玻璃、清洗电池片以及优化绒面等作用，可有效提升电池光电转化效率；利用等离子体对太阳能电池板背膜进行处理可有效提高其黏结性，有利于提高电池寿命和性能[3,4]。对于太阳能聚光集热利用装置，太阳能反射镜主要包括玻璃、镀银层、镀铜层及背后覆漆面，利用等离子体对玻璃表面处理，可以有效去除其表面有机污染物，在其表面生成含氧极性基团，提高其表面亲水性，使其在太阳能反射镜生产制造过程中对镀银层具有更好的黏结性；利用等离子体对覆漆面进行处理，同样可以去除其表面污染物，并活化覆漆面，使其具有更好的黏结性，以利于后续安装[5,6]。对于锂离子电池，利用等离子体对其集流体箔材进行处理可以提高其对正、负极活性物质的黏结性，减少接触电阻；对电池隔膜纸进行处理可以提高其吸水性和保液性并降低内阻，从而提高电池性能[7,8]。此外，等离子体改性技术在新能源汽车生产制造环节中也具有用武之地。

8.1　太阳能电池板背膜表面能提升

太阳能电池板是太阳能设备的最重要组成部分，其主要由电池片、玻璃、背膜以及乙烯-乙酸乙烯酯共聚物(EVA)等多层材料构成。图 8.1 所示为太阳能电池板封装结构示意图[9]。背膜材料在电池板的最外层，它通过在 PET 薄膜双面涂覆一定厚度的四氟材料制造而成，除用来封装电池板外，还起到保护电池板免受环境影响的作用，其性能直接影响到电池板的耐久性与可靠性。在太阳能电池板的制造过程中，背膜材料与 EVA 通常是通过无胶黏结在一起的，要获得良好的黏结性能需要背膜材料具有较高的表面能。对背膜材料进行表面改性，提高其表面能是增强黏结性的有效手段。

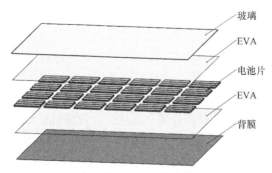

玻璃
EVA
电池片
EVA
背膜

图 8.1　太阳能电池板封装结构示意图[9]

关于提高材料表面能，国内外进行了大量的研究，文献报道的方法有湿式化学法、力化学黏结法、高温熔融法、辐射法、离子束注入法、准分子激光处理法、电解还原法等。其中，湿式化学法在工业生产中得到实际应用，如图 8.2 所示，其主要是利用各种腐蚀液与四氟材料发生化学反应，除去材料表面的部分氟原子，提高其表面能，从而增强其黏结性能。最常用的腐蚀液是金属钠、四氢呋喃、精萘混合溶液。通常湿式化学法效果良好，但是，处理后材料表面呈浅黑色，在高温环境下表面电阻率下降，长期暴露在光照条件下其黏结性能也会严重降低；此外，处理过程需要消耗大量水，产生有害废液，对环境产生二次污染。因此，迫切需要开发环保、节能、高效的太阳能电池板背膜表面处理新技术和新工艺。

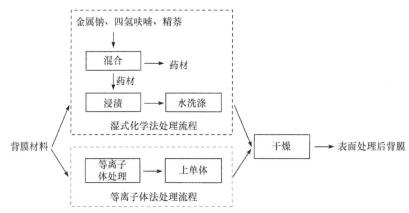

图 8.2　湿式化学法和等离子体法处理太阳能电池板背膜流程

　　相比于传统的湿式化学法，等离子体法处理流程更加简单。针对等离子体法处理太阳能电池板背膜，通过研究放电参数、电极结构等对背膜表面改性影响的规律，获取最优改性处理条件，解决表面处理后老化效应等问题；在此基础上，开发出适合于背膜表面处理的大面积均匀等离子体在线处理系统，实现对背膜表面改性的有效调控，从而取代传统的化学表面处理方法。

　　本节首先介绍实验室条件下 DBD 处理提高太阳能电池板背膜表面能。实验在敞开的空气环境下进行，环境温度为 20℃。电源采用电压幅值 0～20 kV、频率 1～30 kHz 可调的高频交流电源。DBD 反应器采用对称平板电极结构，电极均采用直径为 50 mm 的圆形平板铝电极，在上下电极表面分别覆盖厚度为 1 mm、直径为 80 mm 的石英玻璃作为阻挡介质。改性时，背膜材料放在下电极上覆盖的阻挡介质上，气隙距离固定为 2 mm。采用功率密度来衡量 DBD 改性时等离子体作用的强度，其值为放电功率与电极面积的比值。调节外加电压为 17 kV 进行 DBD 背膜改性，根据测得的 Lissajous 图形面积计算得到改性时的消耗功率为 80 W，根据电极面积 19.6 cm^2 计算出改性时的功率密度约为 4.1 W/cm^2。

　　图 8.3 和图 8.4 分别给出了背膜表面水接触角及表面能随 DBD 处理时间变化曲线。DBD 处理 30 s 时，水接触角由处理前的 82° 下降到 49.5°，当处理时间超过 30 s，水接触角变化达到饱和状态。而与水接触角变化规律相反，背膜表面能先是随处理时间增加而增加，在处理时间为 30 s 时达到饱和状态，背膜的表面能从处理前的 25.1 mJ/m^2 提高到 51.3 mJ/m^2。另外，从表面能的极性分量和色散分量的变化曲线可看出，处理后表面能的极性分量随处理时间增加明显增加，而色散分量随处理时间增加缓慢减少，其在表面能中所占比例大幅变小。因此，处理后背膜表面能的提高主要是由极性分量的增加而引起的，这也说明经 DBD

等离子体处理后背膜表面引入了极性基团，从而使材料的表面能提高，亲水性改善。

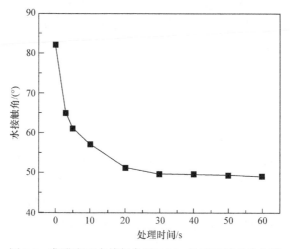

图 8.3　背膜表面水接触角随 DBD 处理时间变化曲线

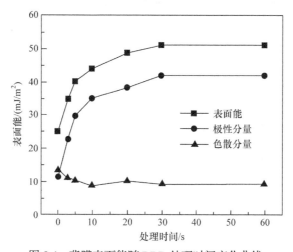

图 8.4　背膜表面能随 DBD 处理时间变化曲线

图 8.5 给出了 SEM 测得的经空气 DBD 处理前后背膜表面微观形貌照片。从图中可以看出，未处理的背膜表面较为平坦，无明显特征；而经过 DBD 处理后背膜表面变得粗糙，出现大量不规则的颗粒状凸起，这说明 DBD 中的高能粒子轰击材料表面，发生刻蚀作用，使表面物理结构发生改变，表面粗糙度增加。相比于未处理的平坦背膜表面来说，处理后背膜表面粗糙度的增加导致液体和其接触的表面张力增大，液体更容易在其表面铺展开来。因此，处理后背膜表面粗糙度的增加是导致其表面亲水性改善的原因之一。

图 8.5　处理前后背膜表面的微观形貌
(a) 未处理；(b) 60 s 处理后

　　图 8.6 给出了 DBD 处理前后背膜的 FTIR 谱图。从图中可以看出，未处理的背膜主要在 1242 cm^{-1} 处出现不饱和的=C—F 伸缩振动吸收峰。经 DBD 处理 60 s 后的背膜与未处理的背膜相比，3400 cm^{-1} 处新增加了—OH 特征吸收峰，1750 cm^{-1} 处附近出现 C=O 振动特征吸收峰，1380 cm^{-1} 处出现 C—O 振动特征吸收峰，说明 DBD 改性使背膜表面的化学成分发生改变，在其表面引入了含氧极性基团，如 C=O/O—C=O、O—C—O 和—COOH 等，这是导致材料表面亲水性改善的另一原因。

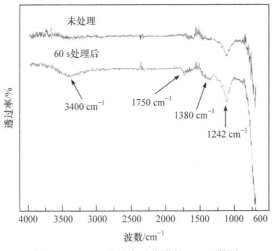

图 8.6　DBD 处理前后背膜的 FTIR 谱图

　　等离子体处理的材料经长时间放置后，其表面特性会出现部分恢复，即等离子体表面改性存在老化效应[10-13]。为了考察 DBD 等离子体处理后背膜的老化效应，将 DBD 处理后的背膜在室温条件下放置于敞开的空气中，并监测其表面水接触角的变化情况，所得到接触角随放置时间的变化情况如图 8.7 所示。从图中可以看出，处理后的背膜表面水接触角随放置时间的延长均出现一定回升，并且在放置的前 4 天回升的速度较快, 放置 4 天时接触角的值与放置 6 天时的值相比变化不大, 但回升后的接触角值仍明显低于改性前的值。因此, 用 DBD 处理过的背膜能够很好地保持改性效果, 与未处理的背膜相比, 更加适用于太阳能电池板的封装, 这对于采用 DBD 改性太阳能电池板背膜的实际工业应用具有指导意义。

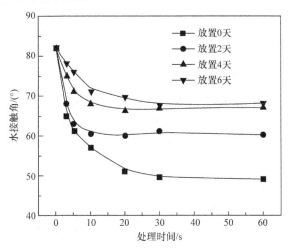

图 8.7　处理后水接触角随放置时间变化曲线

功率密度对 DBD 改性效果具有重要影响[14,15]。为了考察功率密度对改性效果的影响, 通过改变外加电压, 选取三组不同功率密度对背膜材料进行表面改性。所选取的外加电压幅值分别为 13 kV、15 kV、17 kV, 对应的功率密度分别为 2.1 W/cm²、3.1 W/cm²、4.1 W/cm², 在这三个功率密度下所得到的水接触角随处理时间的变化规律如图 8.8 所示。从图中可以看出, 当处理时间一定时, 功率

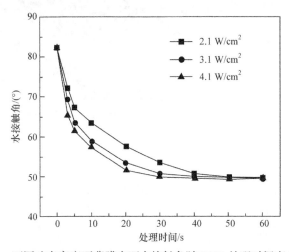

图 8.8　不同功率密度下背膜表面水接触角随 DBD 处理时间变化曲线

密度越大,接触角下降得越快。在功率密度为 4.1 W/cm² 时,背膜表面水接触角随 DBD 处理时间的增加下降得最为迅速,并在处理 30 s 后达到饱和状态;而当功率密度为 2.1 W/cm² 时,水接触角在处理时间为 50 s 才达到饱和状态。这主要是由于随着 DBD 功率密度的增大,DBD 等离子体对材料表面作用的强度增强,表面发生的物理化学反应更为迅速。因此,在实际工业应用中,可以通过适当增大 DBD 处理的功率密度,减少处理时间来得到同样的处理效果。

在工业应用方面,图 8.9 所示为用于太阳能背膜处理的装置实物图,其结构图如图 8.10 所示。该装置基于 DBD 等离子体技术设计制造,为单面处理装置,主要包括放电电极组、放电辊、导辊等部件。放电电极组外设有一导风罩,起到保护降温和防辐射的作用;采用高压风机通过排风口抽风排出柜体内反应产生的臭氧,并进一步对电极进行外部冷却;采用旋涡风机进行电极内部冷却;分别采用传感器和编码器实现开合保护和停辊保护,确保安全运行。运行过程中,电池背膜通过放卷由导辊引导进入 DBD 处理区,经过两组放电单元处理后由导辊引导至收卷部件。在 DBD 处理区,每组放电单元含 5 根陶瓷电极,这些陶瓷电极以放电辊圆心为圆周角度均布组合而成,增大放电区域面积,提高放电稳定性,改善处理效果,如图 8.11 所示,放电辊采用金属辊,其表面覆盖高硅橡胶介质,陶瓷电极和放电辊之间为低温等离子体放电区。

图 8.9　低温等离子体太阳能电池背膜处理装置实物图

使用该设备对太阳能电池板背膜进行表面处理,处理参数为:输入功率 8000 W,处理速度 100~200 m/min,处理 1 遍。处理前后分别利用达因液(60 dyn/cm 的测试液;达因液是指使用甲酰胺和乙二醇乙醚配制的表面张力测试液。1 dyn = 10⁻⁵ N。)进行背膜表面性能测试,结果如图 8.12 所示。从图中可以看出,对于未处理的背膜,达因液涂到表面后马上收缩;而处理后,背膜表面无明显视觉变化,达因

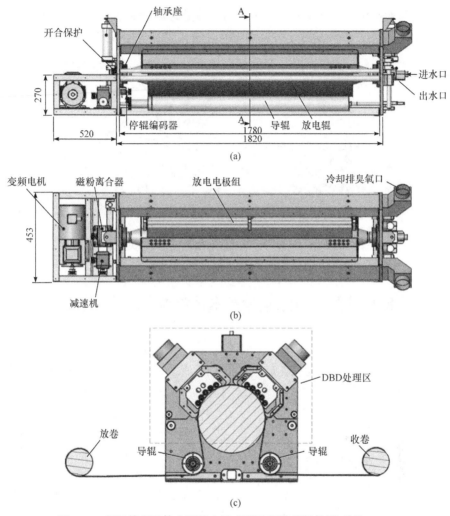

图 8.10　低温等离子体太阳能电池背膜处理装置结构图(单位：mm)

(a) 主视图；(b) 俯视图；(c) A-A 剖面视图

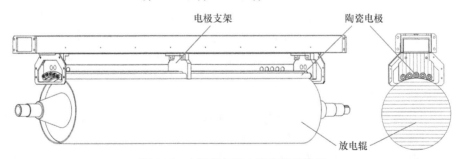

图 8.11　电极组与放电辊安装结构图

液可以均匀地平铺在背膜表面, 说明等离子体处理后背膜表面能明显增大, 达到 60 dyn/cm。可见, 经该设备处理后太阳能电池背膜亲水性得到明显增强。

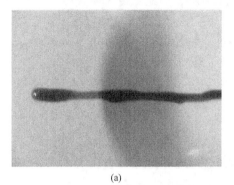 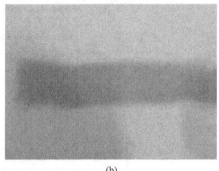

(a)　　　　　　　　　　　　　　　　　(b)

图 8.12　处理前后太阳能电池背膜亲水性对比
(a) 处理前; (b) 处理后

8.2　锂离子电池集流体箔材黏结性能提升

　　锂离子电池主要由正极、负极、隔膜和电解液组成, 其中正极、负极由集流体和涂覆在其表面的活性物质构成, 如图 8.13 所示。集流体一方面是活性物质的载体, 另一方面用来汇集电池活性物质产生的电流, 提供电子通道, 加快电荷转移, 以便形成较大的电流输出, 提高电池充放电效率[16]。通常将活性物质制成浆料后涂覆在集流体上, 经烘干后制成正极、负极, 这要求集流体对活性物质具有较强的黏结强度。通常在活性物质中加入一定量的黏结剂, 使其活性物质均匀涂覆在集流体表面而不脱落, 以保持足够小的内阻, 提高电池循环使用寿命。为了保证良好的电池性能, 集流体需具备电导率高、机械性能好、质量轻、内阻及与

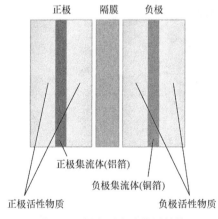

图 8.13　锂离子电池分层结构

活性物质接触电阻小等特点。目前, 主要采用铝箔和铜箔作为正极、负极的集流体。

　　作为集流体, 金属铝箔和铜箔表面在工业生产过程中会形成很多油污, 传统的蒸馏水和无水乙醇清洗不能有效去除油污。另外, 这些金属箔材在空气中极易氧化, 尤其是作为正极集流体的铝箔, 其表面会形成一层不导电的 Al_2O_3 钝化层, 增大集流体和活性物质之间的界面接触电阻, 导致电池内阻增加, 电池容量快速

衰减。为了提高锂离子电池容量和性能,往往需要增加集流体上涂覆的活性物质,这将增加高分子聚合物黏结剂的用量,提高加工成本,并会对环境造成污染。此外,集流体与活性物质黏结性能不佳,活性物质从集流体脱落将导致锂离子电池功能失效。因此,亟须一种技术对集流体箔材进行表面改性,在减少黏结剂使用量的情况下,提高其与活性物质的黏结强度,降低界面接触电阻,从而减小电池内阻,增加使用寿命。

采用大气压等离子体对集流体箔材进行表面处理,如图 8.14 所示,等离子体处理 I 利用高活性粒子,可以有效去除表层油污及附着的灰尘颗粒,提高表面清洁度。对于正极集流体铝箔而言,高活性粒子能够有效破坏其表面的 Al_2O_3 钝化层,减小其与活性物质的界面接触电阻,提高导电性。同时,表面改性过程中,含氧/含氮活性粒子轰击箔材表面,在箔材表面形成新的活性基团,这些活性基团与活性物质中的黏结剂相互作用,提高黏结性能;此外,等离子体表面处理将增加箔材表面粗糙度,也能提高箔材与活性物质间的黏结力。因而,大气压等离子体表面改性能够在室温条件下,通过简单高效无污染的工艺获得高性能锂离子电池的集流体。除此之外,通过等离子体处理 II 可以保证正负电极和隔膜的良好贴合,而在最后组装前可通过等离子体处理 III 清洗各电池单元的绝缘板和端板,并清洁和粗化电芯表面,提升组装过程涂胶的黏结力。等离子体处理可用于锂离子电池生产的多个过程,易于实现规模化工业生产。

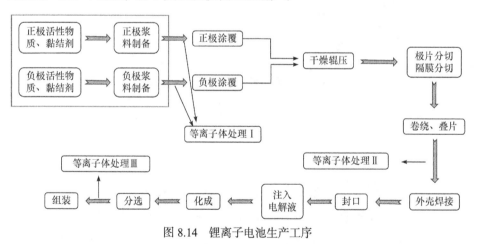

图 8.14 锂离子电池生产工序

图 8.15 和图 8.16 所示分别为 DBD 翻转式双面处理金属箔材工业化应用装置实物图和结构图。装置包括 DBD 处理区、传动系统、电源系统、控制系统、排风系统和冷却系统等部分。装置采用变频调速控制箔材传送速度,箔材最高传动速度为 200 m/min。开机后,当箔材运行速度达到设定速度阈值以上时,等离子体处理自动开启,对箔材表面进行处理,当降速到阈值以下时,等离子体处理则自动

关闭。装置具备全自动模式和手动控制模式，电源系统可实现全自动匹配调节，输出功率稳定。采用高压风机形成独立排风系统，排放处理过程产生的臭氧等废气。DBD 处理区域由 4 个放电电极组、两根放电辊和两根导辊等组成。导辊和放电辊的长度均为 1.5 m，外径分别为 12 cm 和 31.2 cm；放电电极由刚玉制成，电极直径为 2.5 cm，电极内部为空心结构，可实现电极内部冷却，降低电极温度，延长电极寿命，10 根电极分两组以放电辊的圆心为圆周角度均匀排布，以增大放电面积，提高放电稳定性。两个放电电极组和一根放电辊组成一个处理单元，进入 DBD 处理区的箔材依次经过两个处理单元作用完成双面改性处

图 8.15　DBD 翻转式双面处理装置实物图

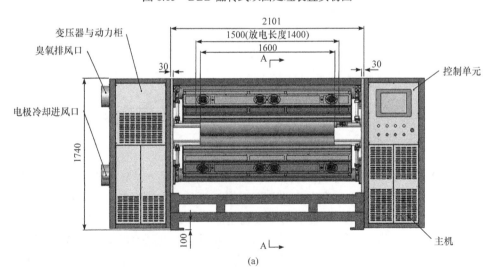

(a)

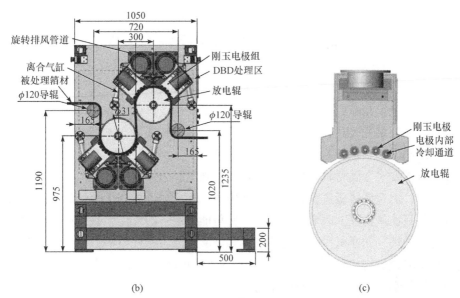

图 8.16　DBD 翻转式双面处理装置结构图(单位：mm)

(a)主视图；(b)A-A 剖视图；(c)单组放电电极与放电辊安装结构图

理。使用该装置可对箔材表面刻蚀增加表面积，清洗表面油脂，降低表面电阻，活化箔材表面，提高其表面润湿性能和附着能力，保持表面黏结的可靠性和持久性。图 8.17 所示为铝箔经上述装置处理前后表面水接触角的变化情况。水接触角由处理前的 74.5°降低至 50.4°，表明经过等离子体处理后铝箔表面的亲水性显著增强，有利于提高其润湿性能和黏结力。

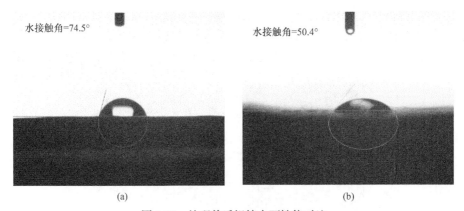

图 8.17　处理前后铝箔表面性能对比

(a) 处理前；(b) 处理后

8.3　新能源汽车金属薄板高张力表面处理

随着汽车的迅速普及，汽车制造业也在飞速发展。金属薄板，尤其是大面积铝材薄板是汽车制造的主要材料。在汽车制造业中，多数金属薄板都需要进行涂层处理，以满足其美观、防腐蚀等性能需求。通常情况下，未经处理的金属表面与涂层之间的黏结性较差，为提升金属薄板性能来满足当前汽车制造业飞速发展的需求，需要对金属材料表面进行处理以增强其黏结性。

目前，对金属薄板进行处理的方法主要分为机械处理和化学处理两种。机械处理往往只能从物理上改变表面形貌，并可能残留一些碎屑，必须在表面进一步进行化学处理，如通过脱脂处理或利用轻微酸洗等去除残留物；化学处理则采用化学涂层来改进有机涂层(如涂漆)在金属基材的附着力，这些涂层通常采用铬酸盐溶液等化学药剂，对环境有严重污染。

将大气压等离子体用于金属薄板表面处理可以避免机械处理的不均匀性，不会造成金属基板的损伤；同时相比于传统的化学处理方法，无需化学试剂，不会对环境造成污染，符合现代生态环保的理念。在等离子体处理过程中，通过等离子体刻蚀去除表面碳化氢类污物，引入活性极性基团，提高被处理金属薄板表面张力，有效促进其与涂覆材料的黏结性能。通过研究放电参数、电极结构等因素对金属薄板表面处理效果的影响规律，可以优化改性工艺条件，获得金属薄板处理的最优效果。

图 8.18 所示为 DBD 等离子体金属薄板高张力表面处理设备，可以在大气压下产生大面积均匀的高活性等离子体，装置结构简单，无需真空和密封装置，可对金属薄板进行快速、稳定处理。图 8.19 为该装置的结构图，装置整体为铝型材

图 8.18　金属薄板高张力表面处理设备

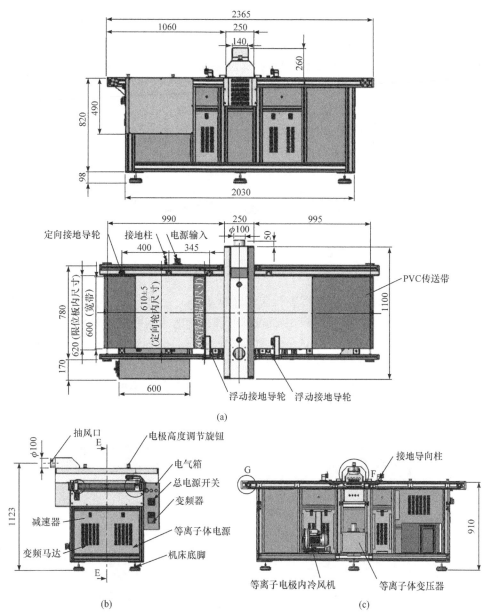

图 8.19　金属薄板高张力表面处理设备(单位：mm)

(a) 主视图和俯视图；(b) 左视图；(c) E-E 剖面视图

框架结构，主要分为进料平台、处理平台、出料平台、等离子体处理单元及控制箱等 5 大部分，其中控制箱采用外挂式；传送带为含筋 PVC 材料，带宽 60 cm；金属导轮定向、接地，导轮内尺寸为 61 cm，可在 10 mm 范围内微调；采用钢辊作为传送辊,其直径和辊宽分别为 6 cm 和 60 cm;电极部分采用两组差分式电极水平安装,其主材料为刚玉管,有效放电宽度为 70 cm。电极安装结构如图 8.20 所示,运行过程中,被处理金属薄板与接地导向柱接触形成接地电极,随着传送带传送至水平刚玉电极下方即产生放电等离子体,对金属薄板进行表面改性处理。整个装置采用变频电机驱动,使用旋涡风机和高压风机分别进行电极内部冷却和电极外部冷却并排除臭氧。

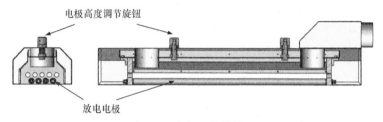

图 8.20　电极安装结构图

　　使用该设备对金属铝薄板进行表面改性处理,处理参数:等离子体处理功率 1000～2000 W,处理速度约 5 m/min。处理过程的放电图像如图 8.21 所示。处理前后分别利用达因液(72 dyn/cm 的测试液)对铝薄板表面进行性能测试。测试结果如图 8.22 所示,处理前金属铝薄板的表面能为 30 dyn/cm,表现为疏水性;而经等离子体处理后,金属铝薄板表面能明显增大,达到 72 dyn/cm。该测试结果表明,经等离子体表面处理后铝板亲水性得到明显增强,表面张力增大。

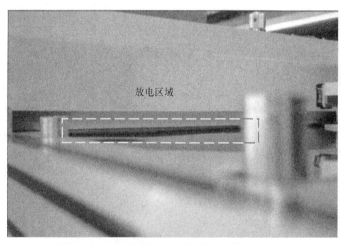

图 8.21　金属铝薄板表面处理过程的放电图像

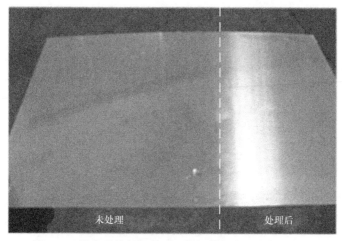

图 8.22　等离子体处理前后金属铝薄板表面亲水性对比

8.4　太阳能反射镜覆漆面黏结性能提升

太阳能反射镜呈现多层结构，包括玻璃、镀银层、镀铜层及背后覆漆面，其与支撑结构、跟踪传送系统及控制系统等共同组成聚光集热装置，是太阳能热发电站的关键部件[5]。对于平面太阳能反射镜，其覆漆面黏结陶瓷饼后，通过陶瓷饼安装在聚光集热装置上。但是，由于陶瓷饼重量大、成本高，这种安装方法存在安装拆卸过程复杂、综合经济效益低等问题，需要一种能实现连接强度高、经济成本低、组装拆卸简单方便的平面太阳能反射镜安装方法。

采用低温等离子体对平面太阳能反射镜覆漆面进行处理，可以活化覆漆面，有效清除其表面灰尘、有机物等污物，并改变覆漆面表面分子结构，生成羟基、羧基等自由基团，促进胶的黏合效果，提高反射镜与安装结构的黏合牢固程度。图 8.23 所示为 DBD 等离子体处理提升反射镜覆漆面黏结性能工业应用装置实物图，其结构如图 8.24 所示，主要由放电电极、导向辊、冷却系统等组成。采用旋涡风机进行电极内部冷却，高压风机进行外部冷却与臭氧排放。图 8.25 所示为电极组、导向辊及被处理太阳能反射镜结构示意图。导向辊为铝材，外部设有硅胶套，其总外径为 8.8 cm；外径为 2.5 cm、内径为 2 cm 的陶瓷电极分两排布置；待处理反射镜覆漆面面向导向辊，由导向辊逐步传送至放电电极组上方。当反射镜距离电极组较远时，电极组 I 和电极组 II 之间形成放电，当反射镜接近电极组 I 一定距离时，电极组 I 和电极组 II 之间的放电熄灭，与此同时电极组 I 和反射镜覆漆面之间形成放电，从而实现对覆漆面的改性。该装置的有效处理长度为 1.7 m。

图 8.23 低温等离子体处理提升平面太阳能反射镜覆漆面黏结性能装置实物图

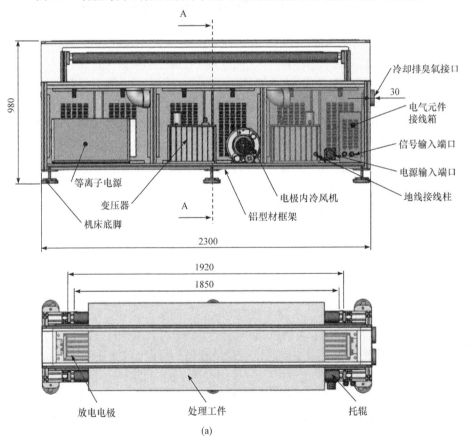

(a)

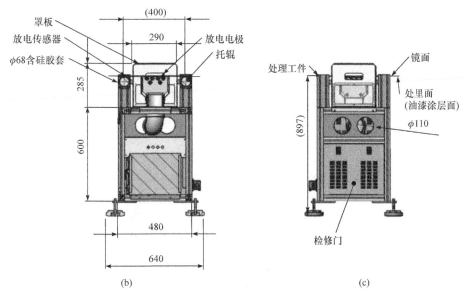

图 8.24 低温等离子体处理提升平面太阳能反射镜覆漆面黏结性能装置结构图

(a) 主视图和俯视图；(b) A-A 剖面视图；(c) 右视图

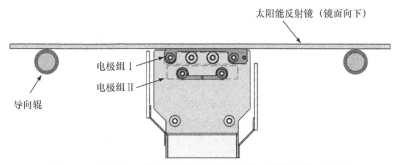

图 8.25 电极组、导向辊及被处理太阳能反射镜结构示意图

8.5 本章小结

本章围绕 DBD 表面改性技术在新能源领域的应用，以太阳能电池板背膜表面能提升、锂离子电池集流体箔材黏结性能提升、新能源汽车金属薄板高张力表面处理及太阳能反射镜覆漆面黏结性能提升为例，介绍了其在该领域实际应用的方法、装置和应用效果。针对太阳能电池板背膜，实验室条件下 DBD 表面处理能显著提升其表面能，实际应用过程中工业化装置能实现良好的改性效果；针对锂离子电池集流体箔材(特别是铝箔)，DBD 表面改性处理能在表面清洗的同时，增强其亲水性，从而实现有效黏结；针对新能源汽车金属铝板，经过移动式平板处

理装置处理后，其表面能明显增大，亲水性增强，有利于黏结性能提升；针对太阳能反射镜覆漆面，利用镜面金属作为电极设计而成的表面改性装置亦能提高其黏结性，实现与安装结构的有效黏结。

　　注：本章图 8.9～图 8.12、图 8.15、图 8.16、图 8.18～8.24 由南京苏曼等离子科技有限公司提供。

参 考 文 献

[1]　Liang H, Ming F, Alshareef H N. Applications of plasma in energy conversion and storage materials [J]. Advanced Energy Materials, 2018, 8: 1801804.

[2]　Dou S, Tao L, Wang R, et al. Plasma-assisted synthesis and surface modification of electrode materials for renewable energy [J]. Advanced Materials, 2018, 30: e1705850.

[3]　Adak D, Ghosh S, Chakraborty P, et al. Non lithographic block copolymer directed self-assembled and plasma treated self-cleaning transparent coating for photovoltaic modules and other solar energy devices [J]. Solar Energy Materials and Solar Cells, 2018, 188: 127-139.

[4]　Bugnon G, Parascandolo G, Söderström T, et al. A new view of microcrystalline silicon: The role of plasma processing in achieving a dense and stable absorber material for photovoltaic applications [J]. Advanced Functional Materials, 2012, 22: 3665-3671.

[5]　Múgica-Vidal R, Alba-Elías F, Sainz-García E, et al. Atmospheric pressure air plasma treatment of glass substrates for improved silver/glass adhesion in solar mirrors[J]. Solar Energy Materials and Solar Cells, 2017, 169: 287-296.

[6]　Bennett A, Sansom C, King P, et al. Cleaning concentrating solar power mirrors without water [J]. AIP Conference Proceedings, 2020, 2303: 210001.

[7]　Luan J, Zhang Q, Yuan H, et al. Plasma-strengthened lithiophilicity of copper oxide nanosheet-decorated Cu foil for stable lithium metal anode [J]. Advanced Science, 2019, 6: 1901433.

[8]　Nava-Avendaño J, Veilleux J. Plasma processes in the preparation of lithium-ion battery electrodes and separators [J]. Journal of Physics D: Applied Physics, 2017, 50: 163001.

[9]　方志, 杨浩, 司琼, 等. 利用介质阻挡放电处理提高太阳能电池板背膜表面能[J]. 高电压技术, 2010, 36(2): 417-422.

[10]　胡建杭, 方志, 章程, 等. 介质阻挡放电处理增强聚合物薄膜表面亲水性[J]. 高电压技术, 2008, 34(5): 883-887.

[11]　Fang Z, Hao L, Yang H, et al. Polytetrafluoroethylene surface modification by filamentary and homogeneous dielectric barrier discharges in air[J]. Applied Surface Science, 2009, 255(16): 7279-7285.

[12]　Fang Z, Xie X, Li J, et al. Comparison of surface modification of polypropylene film by filamentary DBD at atmospheric pressure and homogeneous DBD at medium pressure in air[J]. Journal of Physics D: Applied Physics, 2009, 42(8): 085204.

[13]　Fang Z, Qiu Y, Wang H. Surface treatment of polyethylene terephthalate film using atmospheric pressure glow discharge in air[J]. Plasma Science and Technology, 2004, 6(6): 2576-2580.

[14] 毛婷, 关志成, 王黎明, 等. 丝网电极放电对涤纶纤维表面改性的效果分析[J]. 高电压技术, 2008, 34(7): 1410-1415.

[15] 严飞, 林福昌, 王磊, 等. 辉光放电等离子体用于聚丙烯薄膜表面处理[J]. 高电压技术, 2007, 33(2): 190-194.

[16] Nakanishi S, Suzuki T, Cui Q, et al. Effect of surface treatment for aluminum foils on discharge properties of lithium-ion battery[J]. Transactions of Nonferrous Metals Society of China, 2014, 24(7): 2314-2319.

第9章 大气压介质阻挡放电材料表面改性在其他领域的应用

除了高压绝缘和新能源领域，等离子体改性技术在纺织行业、农业、医疗行业以及电子行业等领域改善材料表面性能方面取得了越来越显著的效果，受到了广泛的关注。本章将在概述等离子体改性在纺织、农业食品、医疗、电子等行业应用的基础上，以纺织品表面印染性能优化、农膜表面防雾性能提升、医用导管亲水性提升、木质材料表面改性应用为例，介绍 DBD 表面改性技术在上述领域的典型应用。

9.0 引　　言

目前，DBD 等离子体材料表面改性在纺织行业、农业食品行业、医疗行业、电子行业等领域也受到了广泛的关注。例如，在纺织行业，等离子体处理织物可有效改变其润湿性能，改善黏结性能和染色性能，提高退浆率，增加摩擦性能；等离子体对所处理的纺织材料也具有普适性，不仅可以用于纤维材料，还可以应用于粗纱、毛条、织物等[1]。在农业领域，等离子体对种子进行改性培育在作物增产、提质、抗旱等多个方面具有显著效果[2]。等离子体作为一种高级氧化技术可对受污染的土壤进行处理修复，同时，处理过程中产生的含氮成分进入土壤形成氮肥，亦可促进农作物增产增收[3]。利用等离子体处理农作物大棚膜，可提高其透光性，增强光合作用，提高农作物的产量和品质[4,5]。在食品行业，等离子体处理可有效应用于食品杀菌、灭酶、食品组分改性、真菌毒素和农药残留降解、食品包装等方面[6]。在医疗行业，利用等离子体对生物医用材料进行处理，可提高其生物相容性，满足特定的功能要求[7]。在电子行业，除了传统的半导体材料处理之外，等离子体改性也可用于手机保护屏贴膜、手机外壳装饰背板膜等的处理，以提高其黏结性等[8]。

9.1 纺织品表面印染性能优化

纺织材料普遍为高分子聚合物材料，如涤纶树脂(PET)、尼龙(PA)、聚四氟乙烯(PTFE)、聚丙烯(PP)、聚甲基丙烯酸甲酯(PMMA)等。这些纺织材料具有优异的综合性能，如耐化学腐蚀性、耐高低温性、介电性能、电绝缘性能、自清洁性能和耐老化性能等，因而在非织造布、服装面料、土工布等领域都有着广阔的应用。但随着纺织品工艺技术要求的提高，传统高分子聚合物材料表面能低、润湿性和染色性差等缺点越发明显，限制了其在纺织材料上的应用。

高分子聚合物材料表面润湿性差的主要原因是该类材料分子结构高度对称，结晶度高且不含活性基团，导致其表面能很低，印染性能差。为了改善高分子聚合物材料的表面性能，目前工业应用最广泛的方法为湿式化学法。该方法在处理过程中需要消耗大量水资源，产生大量废液污染环境，且处理操作过程具有一定的危险性。因此，迫切需要开发环保、节能、高效的连续在线表面处理新技术和新工艺。

等离子体技术为解决传统湿式化学法材料表面处理工艺中污染严重、能耗高、条件苛刻、处理后易老化等问题提供了一条新的途径。等离子体法处理高分子聚合物，主要是利用等离子体中的分子、原子和离子渗入到织物材料表面，材料表面的原子逸入到等离子体中，使织物表面大分子链断裂，从而使织物受到等离子体粒子的刻蚀，表面产生粗糙的凹坑，使织物产生化学和物理改性，从而提高染色和显色性能。通过研究放电参数、等离子体反应器结构及处理气体对等离子体均匀性和纺织物表面改性效果影响的规律，获取最优改性处理条件，进而开发大气压下均匀放电低温等离子体织物处理系统。

在实验室条件下，采用图 9.1 所示的手柄式 DBD 表面处理机对纺织品进行表面处理。利用该设备对各种纺织品材料进行表面处理，以提高其表面能，增加润湿性。处理条件参数：调压器输入电压 0～250 V，输入电流 0～4 A，手柄内电机驱动进行自动调速，处理速度 0.1～25 m/s。图 9.2 所示为处理前后 PP 无纺布表面亲水性变化情况。从图中可以看出，未处理时，无纺布表面水滴不能浸润，呈现疏水状态；经过等离子体处理后，无纺布材料表面水滴可浸润，这表明表面能明显增大，呈现亲水性。并且，随着处理次数的增加，处理效果的均匀性提高，无纺布材料的亲水性明显提升。

图 9.1　手柄式 DBD 表面处理机

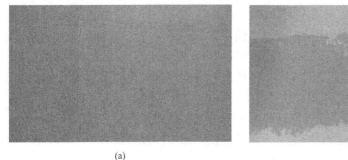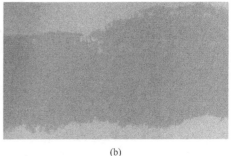

(a)   (b)

图 9.2　处理前后 PP 无纺布表面亲水性情况

(a) 处理前；(b) 处理后

利用图 9.1 所示的手柄式 DBD 表面处理机对图 9.3 所示布料进行表面处理，其初始状态双面润湿性一般，部分区域水滴能够马上浸润，浸润过程相对较慢，水滴大概 1～3 s 全部浸润布料。处理条件参数：输入电压 250 V，输入电流 2 A，处理速度约 10～20 m/min，往复处理 5 次。处理过程放电图像如图 9.4 所示。图 9.5 所示为 DBD 处理后布料两面的亲水性情况。从图中可以看出，双面经过 DBD 表面处理后小颗粒水滴立刻浸润布料，浸润速度快，润湿性明显增强。

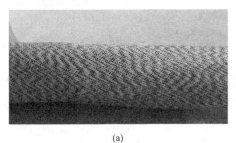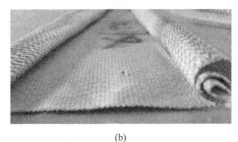

(a)   (b)

图 9.3　处理前布料表面亲水性

(a) 正面；(b) 反面

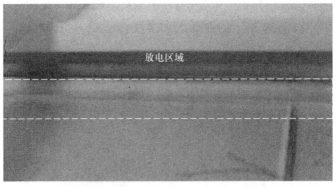

图 9.4　等离子体处理布料过程放电图像

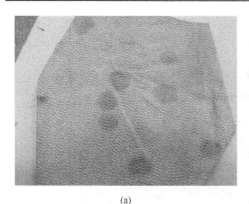
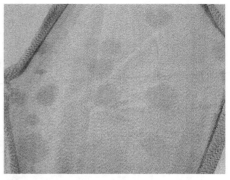

(a)　　　　　　　　　　　　　　　　　　(b)

图 9.5　处理后布料表面亲水性

(a) 正面；(b) 反面

在工业应用方面，大气压 DBD 等离子体纺织物处理设备实物如图 9.6 所示，其外部整体示意图和内部结构示意图如图 9.7 所示。设备包括主体机箱与冷却装置，主体机箱内设有主动放电辊和织物导向辊，主动放电辊设有张力调节机构，与控制系统的张力控制器连接，通过操作面板上张力控制器调节电流大小控制张力，使其与生产线张力大小一致。主动放电辊的外围环绕分布有多个电极组。放电辊直径为 50 cm，硅胶套厚度为 0.5 cm，电极组包括电极和安装电极的壳体，每组包含 5 根直径为 2.5 cm 的电极，电极表面喷涂有稀土催化涂层，电极内部填充有金属粉末，每组电极可单独控制，有效处理宽度为 1.9 m，壳体上设有冷却抽气口，通过气体管路与冷却装置的抽风机连接。图 9.8 所示为利用该设备处理前

图 9.6　介质阻挡放电低温等离子体纺织物处理设备实物图

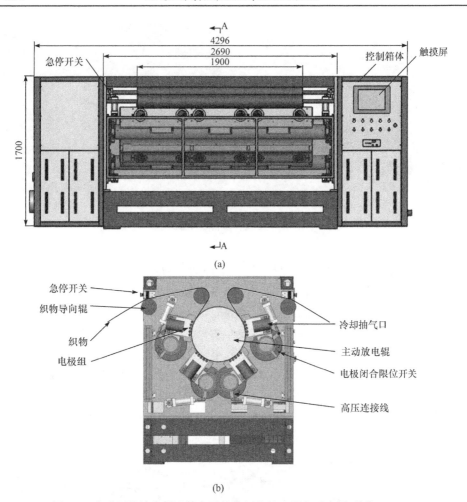

(a)

(b)

图 9.7　介质阻挡放电低温等离子体纺织物处理设备示意图(单位：mm)

(a) 外部整体示意图；(b) A-A 剖面视图

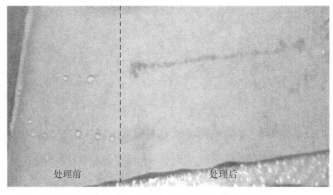

图 9.8　处理前后织物表面亲水性效果对比

后织物表面亲水性变化情况，可以看出，织物材料处理前，水滴接触角较大，不易浸润材料，亲水性差；而经处理后，表面能上升，亲水性大幅改善，有助于印染加工，达到预期处理效果。

9.2　农膜表面防雾性能提升

作为农业大棚和温室的核心部件，塑料农膜的种类及其质量直接影响温室的采光性能、保温性能和农作物产量。目前，常用于农膜的材料有高密度聚乙烯 (HEPE)、聚烯烃 (PO) 聚氯乙烯 (PVC)、乙烯-乙酸乙烯酯共聚物 (EVA) 等。采用这些材料制成的农膜大多呈现疏水性，如 PE 材料农膜表面张力小于 32 dyn/cm，远远低于水的表面张力 72 dyn/cm。因此，水滴在农膜表面的润湿性及铺展性差。在使用过程中，农膜内外温差大，导致其内表面产生大量雾滴，降低农膜的透光性，抑制植物的光合作用，影响植物生长；同时，雾滴滴落到植物上，还会引起植物烂叶、谢花、僵果等病害，从而降低农产品产量和质量。因此，国内外对塑料农膜防雾性的研究非常重视。

农用防雾塑料薄膜的制备可概括为表面活性剂溶液喷涂法、塑料母粒与防雾滴剂共混制膜法、塑料表面接枝亲水性高分子法、塑料表面涂覆交联法等。纵观防雾塑料薄膜的各种不同制备方法，以涂覆交联法处理效果最佳。然而，目前涂覆交联法由于采用有机溶剂，溶剂回收困难，制备成本高，施工有污染，限制了实际应用。因此，开发环保、节能、高效的在线农膜表面处理新技术和新工艺具有重要的实用价值。

利用低温等离子体处理技术，通过空气电离将羟基、羧基等亲水性基团植入农膜表面，与农膜以化学键的方式相连接，农膜防雾性能更持久。通过研究放电参数、电极结构等对农膜表面改性影响的规律，获取最优改性处理条件，达到降低能耗、提高处理效果的目的，进而提出大气压低温等离子体处理农膜表面的处理工艺。考虑等离子体处理工艺和材料表面后续处理工艺的结合，通过工业设计实现材料的连续处理。

图 9.9 和图 9.10 所示为 DBD 等离子体农膜表面处理设备实物图和结构示意图。装置主要包括处理基台、放电部件、两组传送辊、两组放电辊、动力部件以及控制配电柜等。处理基台两端设有端板，放电部件、传送辊、放电辊安装在两端板之间；放电部件内部设置有放电电极模组，由放电模块、电极高度和角度调节器以及放电模块外部冷却排臭氧管构成，其中 DBD 模块由 4 根 8 齿金属电极构成；放电辊由金属辊制成，其表面覆盖 PTFE 介质或者高硅橡胶介质，位于放电部件下方，并设置在基台一侧；一组传送辊安装在放电辊前段的进料端，其作

用是实现农膜从前端设备到等离子体处理设备的过渡，另一组传送辊安装在出料端，实现农膜从等离子体处理设备向下游处理设备的过渡；动力部件分为内动力部件和外动力部件，分别用来驱动传送辊和放电辊；控制配电柜内部设置有低温等离子体电源、触摸屏控制板、电路配电柜等。此外，等离子体处理设备中设置

图 9.9 等离子体农膜表面处理设备实物图

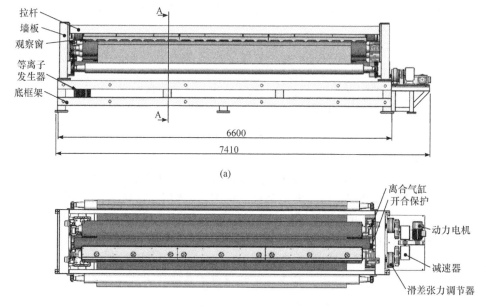

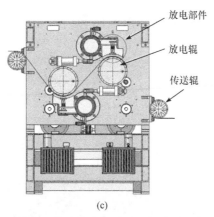

(c)

图 9.10　等离子体农膜表面处理设备结构示意图(单位：mm)

(a) 主视图；(b) 俯视图；(c) A-A 剖面视图

有集风金属罩，通过风机向处理基台外部抽风，排出放电过程中产生的臭氧，并对放电电极进行冷却。该设备在常压空气中通过 DBD 方式产生大面积等离子体，利用大功率脉冲电源作为激励提高等离子体的均匀性，无需真空设备，投资维护费用较低，可实现处理过程连续化。当材料进入处理设备，系统可快速反应，进行启动/停止动作，各类显示、报警、提示等功能在触屏上都可进行智能判断与显示。该 DBD 农膜防雾性能提升装置，处理宽度有多种，如 3～5 m、5～10 m 及 10 m 以上。

　　使用该设备对 PO 膜进行表面处理，处理参数为：处理功率每面为 10 kW(宽度 10 m)，处理速度 10～20 m/min。处理过程放电图像如图 9.11 所示。材料处理

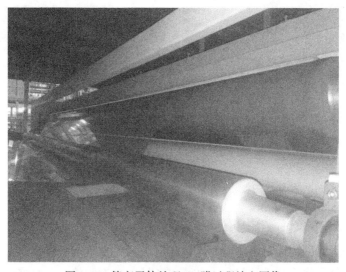

图 9.11　等离子体处理 PE 膜过程放电图像

前后分别利用达因液(42 dyn/cm)进行材料表面性能测试，结果如图 9.12 所示。从图中可以看出，处理前，PO 膜表面能很低，仅有 34 dyn/cm；处理后，视觉表面无明显变化，而表面能明显增大，达到 42～46 dyn/cm。另外，如图 9.13 所示，处理前农膜表面的水接触角为 126.7°，经过等离子体处理并进行接枝后水接触角降低至 42.3°。上述结果表明，等离子体表面处理能明显增强 PO 膜亲水性。

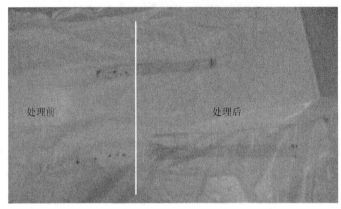

处理前　　　　　　　　　　　　　　处理后

图 9.12　PO 膜处理前后亲水性对比

水接触角=126.7°　　　　　　　　　　　　水接触角=42.3°

(a)　　　　　　　　　　　　　　　　(b)

图 9.13　处理前后农膜表面水接触角变化情况

(a) 处理前；(b) 等离子体处理并进行接枝后

9.3　医用导管亲水性提升

高亲水的高分子材料因其在与体液或组织液接触的过程中表现出优良的润滑性，还能大大降低表面对细胞及蛋白质等的吸附，在临床中应用广泛。然而，目前医用导管材料多为疏水性材料，如聚氯乙烯、硅橡胶等，在给临床诊断和治疗过程带来便捷的同时，由于其疏水性，使用时会产生较大的摩擦阻力，容易造成血管、腔道组织损伤并引起其他的炎症。例如，在临床使用较多的医用导管，为了使其润滑，通常将润滑油(如石蜡油、硅油等)涂覆在导管表面，但该处理方法并不能有效地提高导管的润滑性。通过对医用材料进行表面改性可使其在保持力学性能的同时，又具有所必需的表面性能，如润滑性等。

根据改性过程中改性媒质与材料表面的结合方式可分为物理改性、化学改性、等离子体改性等。物理涂覆和化学接枝亲水基团的方法虽然对医用材料表面的亲水性有所改善，但其工艺复杂，成本较高，使用化学试剂易造成环境污染，给医疗实际应用带来困难。大气压低温等离子体改性技术作为一种新型高效的材料表面改性技术，在提高医疗导管润滑性方面具有广阔应用前景。图 9.14 所示为 DBD 医用导管润滑性改性装置，其结构示意图如图 9.15 所示，主要由进风口、等离子体处理仓、抽风口构成。等离子体处理仓包括等离子体电极和介质板。采用铝平板电极，尺寸为 20 cm×30 mm，并配备铝散热器，延长电极使用寿命，散热器尺寸与平板电极尺寸一致；采用石英玻璃板作为介质板，其厚度为 0.3 cm。铝平板电极和介质板构成双介质阻挡放电形式，放电间隙为 1.5 cm。该装置可以装配在流水线上用于处理医用导管，提高其处理效率。

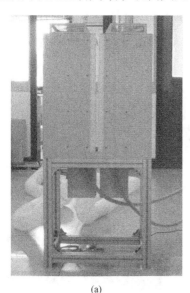
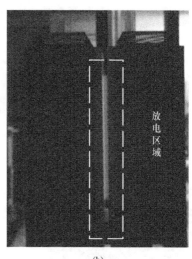

(a)　　　　　　　　　　　　　　　(b)

图 9.14　DBD 医用导管润湿性改性装置

(a) 实物图；(b) 改性过程放电图像

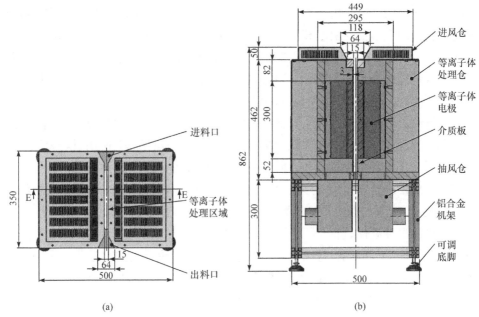

图 9.15　DBD 医用导管润湿性改性装置示意图(单位：mm)

(a) 俯视图；(b) E-E 剖面视图

　　图 9.16 所示为硅胶一次性医用导管实物图以及经过上述装置处理前后的水接触角变化情况。医用导管长度为 40 cm，DBD 处理前水接触角为 102.7°，经等

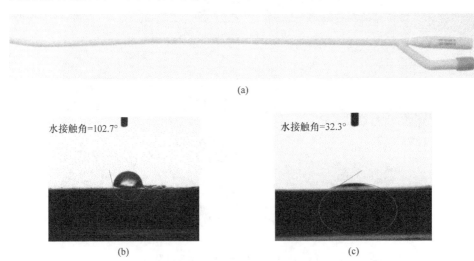

图 9.16　改性处理前后医用导管表面水接触角变化情况

(a) 医用导管实物；(b) 处理前水接触角；(c) 处理后水接触角

离子体处理后水接触角降低至 32.3°，表明等离子体处理能显著降低其水接触角，进而提高其亲水性和润湿性。

9.4　木质材料表面黏结力提升

随着我国天然林保护工程的实施，人造板生产所用大径级原木供应日益紧张。速生树种(如杨树、杉树等)的成功营种大大缓解了木材资源供不应求的矛盾。然而，速生树种由于生长周期短，导致材质疏松、组织结构不均匀、木材强度低、易变形等问题，这给人造板的生产带来了技术上的难度。胶合板是人造板的一种，常用的有三合板、五合板等，是家具常用材料之一。

施胶是胶合板生产的一个重要环节，施胶方法按胶的状态可分为干法施胶和液体施胶两种。其中，液体施胶又可分为辊筒施胶、淋胶、挤胶等方法。目前，工业上采用的施胶方法为液体施胶中的辊筒施胶，其中双辊筒施胶机结构简单，便于维护，但其工艺性能较差，胶量不易控制，单板不平，易被压坏，效率也较低。同时，由于木板自身性能的原因，使用这些方法进行施胶时，木板与胶之间的黏结力较差。因此，开发安全、快速、高效、低施胶量的木质材料施胶方法十分重要。

DBD 表面改性技术利用高电压将空气电离，产生的活性粒子与木材表面相互碰撞，对其进行刻蚀，同时在木材表面引入强亲水性的基团，以化学键的方式与木材表面相连接，而其主体受到的影响极小，不会改变木材的基本性能，可以有效提升材料表面的亲水性以及黏结性，为提升木材表面与胶的黏结力提供了一种可靠的表面处理方法。

本节首先介绍实验室条件下 DBD 表面处理木材提高其亲水性方法及效果的可行性。图 9.17 所示为待处理的两种复合地板的初始状态，其初始表面能分别为 36 dyn/cm(1 号复合地板)和 38 dyn/cm(2 号复合地板)。利用图 9.1 所示的手柄式 DBD 表面处理机对上述复合地板进行表面处理，处理的要求为 1 号复合地板处理双面，2 号复合地板处理其中的黑面，不破坏材料，处理后地板表面无明显视觉损伤，但需长时间内保持高的表面能。针对上述要求，处理参数为输入功率 300 W，处理速度约 20 m/min。图 9.18 所示为处理过程中的放电图像。图 9.19 所示为 DBD 处理前后两种复合地板表面能对比情况。从图中可以看出，两种复合地板左侧未处理，72 dyn/cm 的达因液收缩，表明该区域材料表面能小于 72 dyn/cm；右侧为处理后区域，达因液能够均匀铺展在材料表面，表明材料表面能达到 72dyn/cm。因此，DBD 处理后，两种复合地板表面能能够达到 72 dyn/cm，基本能够满足各类涂覆、电镀、复合等工艺要求。

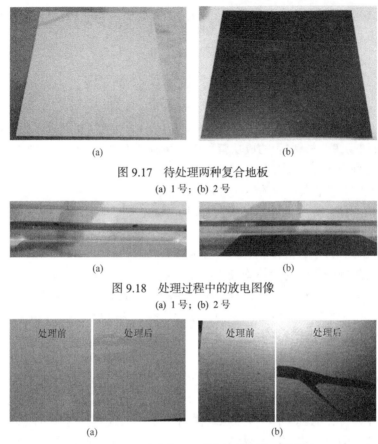

图 9.17　待处理两种复合地板

(a) 1 号；(b) 2 号

图 9.18　处理过程中的放电图像

(a) 1 号；(b) 2 号

图 9.19　DBD 处理前后两种复合地板表面能对比

(a) 1 号；(b) 2 号

在上述实验基础上，开发出集木质材料表面改性和微量施胶功能于一体的 DBD 改性设备，图 9.20 和图 9.21 所示分别为其实物图和示意图。该装置包括电极基台、电源和机体。机体由型材框架拼装组成，带式传送平台安装在机体前端固定于型材框架上，辊式传送平台安装在机体尾端固定于型材框架上。电极基台安装在带式传送平台与辊式传送平台之间，并固定于机体的中部。电极基台包括放电模块和高度调节器，放电模块主要由 4 组上下对称的放电电极组成，电极材料为金属管或金属棒，其表面覆盖刚玉介质或者石英介质。微量施胶装置安装在电极基台后端，位于辊式传送平台上方，并固定在型材框架上。机体内部设有冷却风机，机体外设有上集风金属罩和下集风金属罩以及动力装置以驱动传动带的运动。该设备可在大气压空气中获得大宽幅、大放电间隙的低温等离子体，对木质材料表面进行改性处理，促进木质薄板与胶黏剂之间形成牢固的结合力，改善木质复合材料产品的力学性能，促进低质速生木材的高附加值利用。

图 9.20　木质材料 DBD 改性和微量施胶集成处理设备实物图

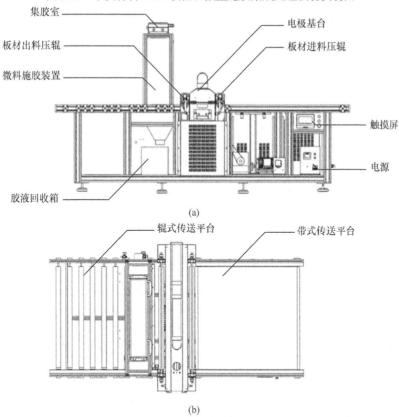

(a)

(b)

图 9.21　木质材料 DBD 改性和微量施胶集成处理设备示意图

(a) 主视图；(b) 俯视图

9.5 本章小结

本章围绕 DBD 表面改性技术在纺织、农业、医疗等领域的应用，以纺织品表面印染性能优化、农膜表面防雾性能提升、医用导管亲水性提升、木质材料表面黏结力提升为例，介绍其在上述领域应用的装置、方法和效果。针对纺织品，DBD 表面处理后，其亲水性明显增强，浸润性得到改善，印染性能显著提升；针对农膜，经处理后，其表面亲水性明显增强，有利于提高其透光性，增加植物光合作用，促进农作物生长；针对医用导管，DBD 表面改性技术能显著提高其亲水性和润湿性；针对复合地板等木质材料，DBD 材料表面改性技术能大幅提升其表面能和黏结性，并且 DBD 改性装置还能与其他工艺(如施胶过程)相结合实现一体化处理。

注：本章图 9.1～图 9.12、图 9.14、图 9.15、图 9.17～图 9.21 由南京苏曼等离子科技有限公司提供。

参 考 文 献

[1] Jelil R A. A review of low-temperature plasma treatment of textile materials[J]. Journal of Materials Science, 2015, 50(18): 5913-5943.

[2] Waskow A, Avino F, Howling A, et al. Entering the plasma agriculture field: An attempt to standardize protocols for plasma treatment of seeds[J]. Plasma Processes and Polymers, 2022, 19: e2100125.

[3] Zhang H, Ma D, Qiu R, et al. Non-thermal plasma technology for organic contaminated soil remediation: A review[J]. Chemical Engineering Journal, 2017, 313: 157-170.

[4] Ren S, Wang L, Yu H, et al. Recent progress in synthesis of antifogging agents and their application to agricultural films: a review[J]. Journal of Coatings Technology and Research, 2018, 15(3): 445-455.

[5] Paneru R, Lamichhane P, Chandra A B, et al. Surface modification of PVA thin film by nonthermal atmospheric pressure plasma for antifogging property[J]. AIP Advances, 2019, 9(7): 075008.

[6] Chizoba E F G, Sun D W, Cheng J H. A review on recent advances in cold plasma technology for the food industry: Current applications and future trends[J]. Trends in Food Science and Technology, 2017, 69: 46-58.

[7] Cheruthazhekatt S, Cernak M, Slavicek P, et al. Gas plasmas and plasma modified materials in medicine[J]. Journal of Applied Biomedicine, 2010, 8(2): 55-66.

[8] Du X, Wang J, Cui H, et al. Breath-taking patterns: Discontinuous hydrophilic regions for photonic crystal beads assembly and patterns revisualization[J]. ACS Applied Materials and Interfaces, 2017, 9(43): 38117-38124.